Karl Wulff

Die Natur im Spiegel der Wissenschaft

Sieben naturwissenschaftliche Essays

Diplomica Verlag GmbH

Wulff, Karl: Die Natur im Spiegel der Wissenschaft: Sieben naturwissenschaftliche Essays. Hamburg, Diplomica Verlag GmbH 2014

Buch-ISBN: 978-3-8428-9657-4
PDF-eBook-ISBN: 978-3-8428-4657-9
Druck/Herstellung: Diplomica® Verlag GmbH, Hamburg, 2014
Covermotiv: © : Juliane Wulff. Bau von Macrotermes michaelensi, Namibia.

Bibliografische Information der Deutschen Nationalbibliothek:
Die Deutsche Nationalbibliothek verzeichnet diese Publikation in der Deutschen Nationalbibliografie; detaillierte bibliografische Daten sind im Internet über http://dnb.d-nb.de abrufbar.

© Diplomica Verlag GmbH
Hermannstal 119k, 22119 Hamburg
http://www.diplomica-verlag.de, Hamburg 2014
Printed in Germany

Inhaltsverzeichnis

Vorwort

Der vorliegende Band enthält eine Reihe von Aufsätzen zu brisanten Themen aus der Naturwissenschaft, die ausnahmslos über die Grenzen des betreffenden naturwissenschaftlichen Fachgebietes hinaus von allgemeinem Interesse sind. Diese Aufsätze sind in den vergangenen zwei Jahren entstanden. Sie sind überwiegend als Fragen formuliert um anzudeuten, daß es sich hier um aktive dynamische Forschungsthemen handelt, deren Lösung noch in der Schwebe ist.

Da allen diesen Themen gemeinsam ist, daß sie über das enge Fachgebiet der Naturwissenschaften hinaus, dem sie entstammen, von weitreichendem allgemeinen Interesse sind, wenden sie sich auch besonders an den allgemein interessierten Leser.

Es wurde versucht, die jeweilige Thematik soweit allgemeinverständlich darzustellen, daß sie für den allgemein vorgebildeten Leser lesbar sind. Der weitergehend interessierte Leser findet über die zitierte Literatur Zugang zu einem detaillierteren Verständnis. Im Literaturverzeichnis sind ausschließlich die konsultierten Monographien angeführt. Zeitschriftenartikel und Internet-Quellen finden sich in den Fußnoten.

Meiner lieben Frau, Gabriele Wulff, danke ich für die kritische Durchsicht der Manuskripte und wertvolle Anregungen.

Meiner Tochter, Juliane Wulff, danke ich für das schöne Photo eines Termitenbaus.

Schneverdingen, im Februar 2014

Dr. Karl Wulff

Einleitung

Der erste Aufsatz geht der Frage nach, warum die modernen Naturwissenschaften im Europa des 17. Jh. entstanden sind und nicht bereits einige Jahrhunderte früher im China der Song-Dynastie wo China bereits technologisch dem Westen weit voraus war. Diese Frage wurde bereits vor einem halben Jahrhundert von dem britischen Forscher, Joseph Needham, gestellt und – wie ich meine – unrichtig beantwortet. Die Naturwissenschaften sind, wie bereits der Titel des Hauptwerkes von Isaac Newton, *„Principia Mathematica Philosophiae Naturalis"*, andeutet, das Kind der Naturphilosophie und nicht das einer technischen Entwicklung. Die schlüssige Antwort auf die Frage nach dem Unterschied zwischen Europa und China gab schon 1697 der Philosoph Gottfried Wilhelm Leibniz in seiner Schrift *„Novissima Sinica"*. Er stellte klar, daß die entscheidenden Errungenschaften Europas in der Euklidischen Geometrie und in der Formalen Logik des Philosophen Aristoteles lagen. Beides war der chinesischen Kultur fremd. Ohne diese, im alten Griechenland entwickelten naturphilosophischen Erkenntnisse hätten die modernen Naturwissenschaften nicht entstehen können. Wie wir jedoch sehen werden, war diese Bedingungen zwar notwendig, aber noch nicht hinreichend.

Noch einmal auf diesen Punkt wird im zweiten Aufsatz eingegangen, wo wir uns der Bedeutung der Naturwissenschaften als Welterklärungsmodell widmen. Im Gegensatz zu anderen Wegen, die Welt zu verstehen, beansprucht die Naturwissenschaft keine absolute Wahrheit. Sie liefert hingegen immer nur ein vorläufiges Bild der Wirklichkeit aufgrund experimentell gemessener oder in der freien Natur beobachteter Zusammenhänge. Treten neue Tatsachen auf, wird dieses Bild verbessert. Eine Theorie, die nicht in ihrem Kern die Möglichkeit bietet, anhand neu auftretenden Tatbestände korrigiert zu werden, gehört nicht in den Bereich der Naturwissenschaft. Es wird auch versucht aufzuzeigen, welchen Gefahren die Weiterentwicklung der Naturwissenschaft durch intellektuelle Strömungen in fundamentalistischen Religionen, steigende Komplexität der Modelle und Finanzierbarkeit von Großprojekten ausgesetzt ist.

Der nächste Abschnitt befaßt sich mit der faszinierenden Welt staatenbildender Insekten. Die Termiten dienen hier dazu, grundlegende Probleme selbstorganisierter emergenter Systeme und ihrer informationstheoretischen Beschreibung darzulegen. Es lassen sich Parallelen zu ähnlich komplexen Systemen unserer menschlichen Zivilisation herstellen. Der Termitenstaat funktioniert, obgleich kein einzelnes Insekt das System versteht oder überblickt. Offenbar läuft das nur solange ohne Probleme, bis das System eine kritische Größe oder Komplexität überschreitet, jenseits der es dann spontan in sich zusammenbricht. In analoger Weise kann man auch menschgeschaffene Systeme, wie das globale Finanzsystem beschreiben.

Es folgen vier Aufsätze, die sich mehr mit molekularbiologischen Fragen befassen. Zuerst die Frage: Was ist ein Gen? Hier geht es um den neuen Wissenschaftszweig der „Philosophie der Biologie" und Vertreter dieses Faches, die sich mit der Frage was ein Gen sei auseinandersetzten. Sie versuchten, den Begriff zu definieren bzw. *ad absurdum* zu führen um ein „Postgenomisches Zeitalter" auszurufen. Es wird an diesem Beispiel gezeigt, daß Begriffe auch in der exakten Naturwissenschaft unscharf und wandelbar sind. Exakt sind nur die mathematisch faßbaren quantitativen Beziehungen zwischen meßbaren Größen. Es wird gezeigt, wie sich der Gen-Begriff im Laufe eines Jahrhunderts mit dem Fortschritt der Erkenntnis änderte, was weiterhin aufgrund älterer Erkenntnisse streng gültig ist und was noch diskussionswürdig bleibt. Hier werden auch einige molekularbiologische Erkenntnisse dargelegt, die für das Verständnis der beiden folgenden Aufsätze nützlich sind. Unsere Empfehlung an die genannten Philosophen ist die folgende: Überlaßt die Diskussion über einen naturwissenschaftlichen Begriff getrost den Fach-Wissenschaftlern.

Der Artikel über Zwillinge und Chimäre beleuchtet den langen Weg von den Genen bis zu ihrer Ausprägung im Phänotyp. Auf diesem Weg, veranschaulicht beim Menschen, kann soviel geschehen, daß die Identität eines Menschen allein aus seinen Genen nicht vorhersehbar ist. Der Ablauf der Entwicklung im Mutterleib, die Ontogenese, unterliegt einem teilweise zufallsgesteuerten, einem sogenannten stochastischen Prozeß. Wenn man einen Menschen bei seiner Geburt in einem Gedankenexperiment bis zur befruchteten Eizelle zurückentwickeln könnte, und dann den gesamten Vorgang der Schwangerschaft noch einmal exakt so ablaufen ließe, würde nicht der selbe Mensch geboren werden, sondern günstigstenfalls – wenn alles gut ginge - sein eineiiger Zwilling. Ähnlich wie sich aus einer befruchteten Eizelle durch Teilung zwei genetisch identische Zellhaufen ergeben können, aus denen dann zwei eineiige Zwillinge entstehen, so können auch die Zellhaufen von zwei zweieiigen Zwillingen zu einer Person zusammen wachsen. Es entsteht dann eine, phänotypisch meist nicht besonders auffällige, Chimäre.

Der nächste Abschnitt richtet sich an den Krimi-Enthusiasten. Er widmen sich einer neuen Technologie, die uns in fast jedem Krimi begegnet, nämlich dem DNA-Test, mit dem gezeigt wird ob die Probe am Tatort mit der des Verdächtigen überein stimmt oder nicht. Die Entwicklung dahin begann 1985 mit zwei Veröffentlichungen eines britischen Wissenschaftlers. Wir versuchen zu zeigen, was für eine großartige und bewundernswerte Leistung die beteiligten Wissenschaftler bis heute erbracht haben, die diese Methode zur Vollkommenheit entwickelten. Anhand von einigen konkreten Fällen zeigen wir, was die Methode leistet und wo ihre Grenzen sind.

Zum Schluß befassen wir uns mit der modernen Altersforschung, einem der faszinierendsten Themen der modernen biologischen Wissenschaften. Es zeigt sich, daß das Altern kein reiner Verschleißprozeß ist, sondern daß er – unter dem Gesichtspunkt der Evolution der Spezies – zentral gesteuert wird. Nach dem Motto „Wenn die letzte Rate des Kühlschranks bezahlt ist sollte er kaputt gehen". Man weiß heute über die dabei ablaufenden Prozesse so viel, daß es prinzipiell möglich scheint, das Altern in nicht allzu ferner Zukunft medikamentös zu verlangsamen. Das wäre besonders interessant für die Behandlung bestimmter Krankheiten, der Progerien, bei denen Menschen im Kindesalter vergreisen und bereits als Teenager sterben.

Warum nicht in China?[1]

Im 17. Jh. wurden in Europa die modernen Naturwissenschaften geboren. Will man den Zeitpunkt genauer festlegen, kann man das Erscheinen des ersten Bandes von Isaak Newtons *Pricipia Mathematica Philosophiae Naturalis* im Jahre 1687 als Datum annehmen. Die Frage, warum sich die modernen Naturwissenschaften nur im Europa des 17. Jh. entwickelten und zuvor nirgends auf der Welt, stellte sich solange nicht, wie Geschichtswissenschaft eurozentrisch betrieben und Weltgeschichte mit europäischer Geschichte gleichgesetzt wurde. Im folgenden Aufsatz werden wir sehen, daß auch das Christentum – seit Galilei fälschlicherweise als wissenschaftsfeindlich geschmäht – bei der Entwicklung der Naturwissenschaften in Europa entscheidende Beiträge leistete.

Der britische Biochemiker und Sinologe Joseph Needham ging davon aus, daß es einen naturwissenschaftlichen Universalismus gäbe, daß also die modernen Naturwissenschaften am vorläufigen Ende einer jeglichen Kulturentwicklung stünden. Diese Grundannahme liegt seinem 1954 begonnenen unvollendeten vielbändigen Monumentalwerk *Science and Civilisation in China* (SCC) zu Grunde. Zudem nahm er fälschlicherweise an, die moderne Naturwissenschaft sei einer technischen Entwicklung entsprossen. Da China vor allem in der Song-Dynastie (960-1276) Europa bezüglich technischer Entwicklungen um zum Teil Jahrhunderte voraus war, schloß Needham, daß es in China „inhibierende Faktoren" gegeben haben müsse, die das Aufkommen der modernen Naturwissenschaft dort „verhindert" hätten.[2]

Mit gleichem Recht kann man natürlich auch fragen, warum die modernen Naturwissenschaften nicht bereits im antiken Griechenland, zur Zeit des Hellenismus, oder, vor allem berechtigt, nicht bereits in den mittelalterlichen arabischen Weltreichen, ausgehend von dem wissenschaftlichen Aufbruch im Abbasidenreich des 9. Jh., entstanden waren. Die Antwort ist nicht trivial. Sie wird uns zu einer Kette von (im mathematischen Sinne) notwendigen, jedoch einzeln nicht hinreichenden Bedingungen führen, die in ihrer historischen Abfolge gemeinsam die Entwicklung der Naturwissenschaften ermöglichten. Dabei werden wir sehen, daß an zwei Stellen, das Christentum eine entscheidende Rolle spielte: Zuerst zur Zeit der Kirchenväter, als man christlicherseits dem Neuplatonismus sozusagen „das christliche Gütesiegel" aufdrückte und damit die gesamte griechische Philosophie als mit dem christlichen Glauben vereinbar erklärte. Später dann mit den vom Papst geförderten mittelalterlichen Universitäten, an denen die Naturforschung erstmalig in der Menschheitsgeschichte institutionalisiert wurde, in

---

[1] Einige der hier skizzierten Gedanken wurden bereits in den folgenden Schriften veröffentlicht: Wulff (1998), Wulff (2006) und Wulff (2010).
[2] Needham, (1954), 1 u. 4; Needham, *Die Rolle Europas und Chinas in der Entwicklung der universellen Wissenschaft*, in: Needham (1979), 120-144, spez. 121.

Form des Quadriviums, der aristotelischen Naturphilosophie und der Logik. Doch, beginnen wir am Anfang.

Geometrie. Es begann in Griechenland.

Alle frühen Kulturvölker verfügten über elementare Kenntnisse in Geometrie und im Rechnen. So auch die alten Babylonier, die Ägypter und die alten Chinesen. Sie nutzten diese Kenntnisse vor allem, basierend auf Beobachtungen des Verlaufs der Gestirne, zur Einrichtung eines Kalenders. Dieser war für die Entwicklung jeder Hochkultur unabdingbar. Der Bauer mußte wissen, wann im Frühjahr er gefahrlos mit der Saat beginnen konnte ohne daß bei einem plötzlichen Kälteeinbruch alles erfror. In Ägypten z.b. mußte er zudem abschätzen können, wann mit dem Nilhochwasser zu rechnen war. Die Babylonier und die Chinesen teilten den Kreisumfang in die Zahl der Tage, die in ihrem jeweiligen Kalender ein Jahr ausmachten. Das waren bei den Babyloniern 360 Tage (die restlichen 5 Tage in jedem Jahr waren Schalttage, was sich noch in unserem Begriff „zwischen den Jahren" wiederspiegelt) und bei den Chinesen waren es 365 ¼ Tage. Die darauf basierende Kreiseinteilung in 365 ¼ Einheiten hielten sie noch im 17. Jh. aufrecht.[3] Beide Kulturen verfügten, wie auch die Ägypter, noch nicht über den Begriff des Winkels. Während die Chinesen mit ihrer komplizierten Kreiseinteilung nicht viel anfangen konnten, bot die Einteilung der Babylonier die Grundlage zur Geometrie des Kreises, zuerst in die Einteilung in Halbe, Viertel usw. und dann später den Griechen auf Grundlage des von ihnen erfundenen Winkels die Möglichkeit zur Formulierung der Einheit des Winkels, des „Grades". Auch das Fundament des Sechziger-Zahlensystems, das heute noch in unserem täglichen Leben präsent ist (Zeiteinteilung; Mengeneinheiten: Dutzend, Schock usw.) basiert auf der babylonischen Kreiseinteilung. Die mathematischen Kenntnisse dieser alten Völker beschränkten sich – abgesehen vom Kalender - auf die Lösung praktischer Belange des täglichen Lebens und der Verwaltung. Ihre mathematischen Verfahren waren Methoden im Sinne von „Kochvorschriften". Man kann noch nicht von Wissenschaft sprechen.

Der Durchbruch zu einer systematischen Wissenschaft vollzog sich, auf der Grundlage dessen, was die früheren Hochkulturen im Nahen Osten bereits geschaffen hatten, im antiken Griechenland. Die damaligen Griechen entwickelten die Geometrie zu einer Wissenschaft. Es war ein in sich geschlossenes abstraktes Gedankengebäude, das streng rational und logisch aufgebaut war. Diese Wissenschaft wurde von Zeit zu Zeit in einer Monographie oder einem Lehrbuch zusammengefaßt, das jeweils den Titel „*Elemente*" erhielt. Das älteste stammt von Hippokrates von Chios und wurde um 440 v. Chr. verfaßt. Das jüngste schrieb um 300 v. Chr. ein gewisser Euklid (ca. 360 – ca. 280 v. Chr.). Die *Elemente* des Euklid waren seinen Vorgängertexten so überlegen,

---

[3] Needham (1959), SCC III, 372 ff.

daß hinfort nur noch dieses Buch als Manuskript vervielfältigt wurde und die älteren Bücher langsam verschwanden. Diese Monographie des Euklid wurde später über Jahrhunderte zu dem – nach der Bibel – meistgelesenen und wirkungsmächtigen Buch unserer abendländischen Kultur. Die klare und streng logische Beweisführung in Euklids *Elementen* war für viele abendländischen Denker ein Vorbild, an dem sie sich orientierten. Das galt nicht nur für die Mathematik sondern auch für die Philosophie. Isaak Newton strukturierte z.B. seine *Principia Mathematica Philosophiae Naturalis* nach dem Vorbild der *Elemente* und der Philosoph Spinoza gab seiner *Ethik* sogar den Untertitel *„Nach den Regeln der Geometrie dargelegt"*.

Worum geht es nun in der euklidischen Geometrie ? Es begann in der Philosophie: Der griechische Philosoph Parmenides (Anfang 5. Jh. v. Chr.) lehnte die sinnliche Wahrnehmung als Mittel der Erkenntnis ab. Unter seinem Einfluß vollzog sich in der Mathematik der Wandel vom Anschaulichen zum Begrifflichen. Dadurch wurde die Mathematik zu einer theoretischen Wissenschaft. Die Gegenstände der Geometrie, wie Gerade, Kreis, Punkt oder Winkel, sind keine realen Gegenstände sondern nur gedachte. Sie sind in der Strenge der Definitionen keine Figuren der Sinnenwelt, sondern theoretische Gegenstände, die nur in der Welt der abstrakten Gedanken vorkommen. Ein Kreis, geschlagen um einen „ausdehnungslosen Punkt" als eine „Linie ohne Breite", wie es die Definition Euklids fordert, ist eben nur im Denken realisierbar. Das Kernstück der euklidischen Geometrie ist der strenge mathematische Beweis, der ausgehend von wenigen unbewiesenen Grundannahmen und Postulaten den streng rationalen und logischen Aufbau ihres Systems erlaubt.

Das Grundmuster des mathematischen Beweises ist bei Euklid immer gleich, fast stereotyp. Das deutet darauf hin, daß zu seiner Zeit diese Art der Beweisführung bereits fest etabliert war. Bereits zur Zeit Platons war es allgemeines Kulturgut der Griechen geworden. Auch die Argumentationskette des platonischen Sokrates läuft in vielen Dialogen Platons nach genau diesem Schema ab. Offensichtlich hat Platon also von den Mathematikern gelernt und nicht umgekehrt die Mathematiker von Platon.[4] Auch Platons Ideenlehre handelt ja von abstrakten theoretischen Gegenständen, die nur im Transzendenten oder im reinen Denken existieren.

In seinem Dialog *Timaios* führt Platon die reale Welt letztlich auf zwei Arten von Dreiecken zurück. Die aus diesen gebildeten sog. „Platonischen Körper" (Tetraeder, Oktaeder, Ikosaeder und Würfel) ordnet er den vier griechischen Elementen Feuer, Luft, Wasser und Erde zu. Dabei sind, da aus der gleichen Sorte Dreiecke aufgebaut, die Elemente Feuer, Wasser und Luft durch Umordnen der Dreiecke ineinander umwandelbar, und zwar nach exakten stöchiometrischen Beziehungen, die den Reaktionsgleichungen der modernen Chemie ähneln. Allein das Element Erde ist aus der an-

---

[4] Wir folgen hier der überzeugenden Argumentation Szabos (1994). Andere Autoren sind der Ansicht, daß z. Zt. Platons eine strenge mathematische Beweisführung noch nicht existierte, z.B. Frede (1999), 38.

deren Art von Dreiecken aufgebaut. Es ist nicht in eines der anderen Elemente umwandelbar und *vice versa*. Letztlich reduziert Platon in seinem Dialog *Timaios* die reale Welt auf rein mathematische Bausteine. Das klingt ganz modern: Die string-Theorie der modernen Physik läßt grüßen.

Aristoteles (384-322 v. Chr.) verwarf Platons Ideenlehre und vertrat die Ansicht, daß sich die Mathematik nur eigne zur Beschreibung stoffloser Gegenstände des Denkens, jedoch nicht zur Beschreibung der Natur. Dieser Punkt ist relevant für das Verständnis unserer mittelalterlichen Gedankenwelt.

Aristoteles verdanken wir einen weiteren Beitrag zur Grundlegung moderner Wissenschaften, neben der Geometrie die zweite Säule. Er schuf, sozusagen im Alleingang, die Formale Logik als ein geschlossenes System, das in seiner Grundstruktur deutliche Ähnlichkeit mit dem System der euklidischen Geometrie zeigt. Die Annahme ist daher naheliegend, daß diese Logik von der beweisenden Geometrie beeinflußt war. Die Formale Logik legt in vollkommen abstrakter Weise und unter Verwendung einer Kunstsprache fest, wie die für eine gültige Schlußfolgerung erforderliche Vorgehensweise strukturiert sein muß, unabhängig vom Inhalt der verwendeten Begriffe. Sie erlaubt allerdings nur eine Aussage darüber, ob eine Schlußfolgerung wahr oder zumindest widerspruchsfrei ist, falls die Voraussetzungen der verwendeten Gedankenkette wahr oder widerspruchsfrei sind. Über den Wahrheitsgehalt der Annahmen macht sie keine Aussage. Aristoteles hat die Formale Logik in seinen methodischen Schriften, dem *Organon*, niedergelegt, vor allem in der *Ersten Analytik* und in der *Zweiten Analytik*.

Und in China?

Hier kommen wir bereits zu einem grundlegenden Unterschied zur chinesischen Kultur. Die Chinesen waren sehr gut in Arithmetik. Sie hatten jedoch kein der euklidischen Geometrie vergleichbares System, auch kannten sie noch nicht den strengen mathematischen Beweis. Eine Formale Logik im Sinne des Aristoteles war ihnen fremd. Mit der Blüte des Buddhismus kamen sie zwar in Kontakt mit der indischen Logik; diese basierte jedoch nicht auf der Geometrie sondern auf der Grammatik des Sanskrit.[5]

Auf diesen Unterschied zwischen abendländischem und chinesischem Denken wies als erster der deutsche Philosoph G. W. Leibniz in seiner Schrift *Novissima Sinica* von 1697 hin.[6] Er schrieb : „ ...*Und daß die Chinesen, auch wenn sie seit einigen tausend Jahren mit erstaunlichem Eifer die Gelehrsamkeit pflegten und ihren Gelehrten die höchsten Preise aussetzten, dennoch nicht zu den exakten Wissenschaften gelangt sind,*

---

[5] Frankenhauser (1996); Harbsmeier (1998), 358 ff.
[6] Leibniz ([1697] 1979), § 9.

ist, wie ich glaube durch nichts anderes bewirkt worden als dadurch, daß sie jenes eine Auge der Europäer, d.h. die Geometrie[7], nicht hatten. Obgleich aber jene uns für einäugig gehalten haben, so haben wir dennoch noch ein weiteres Auge, das ihnen noch nicht genügend bekannt ist, nämlich die „Erste Philosophie"[8], durch die wir zu der Erkenntnis auch unstofflicher Dinge gelangen konnten."

Als Joseph Needham im dritten Band seines Monumentalwerkes SCC feststellte, daß die Chinesen über keine euklidische Geometrie verfügt hatten[9], hätte er, wenn er die Ausführungen Leibnizens gekannt hätte, eigentlich sein Projekt beenden können.

Europa: Grundlagen des mittelalterlichen Weltbildes.

Die frühen Griechen, deren Götter auf dem Olymp saßen, hatten – im Gegensatz zu den Babyloniern, die ihre Gottheiten mit den Gestirnen identifizierten - keine Hemmungen, den Kosmos rational zu erklären. Sie setzten die Geometrie in den Himmel und schufen etwas ganz Neues: Sie konnten den kontinuierlichen Lauf der Gestirne verfolgen. Sie entwickelten das Konzept von Bahnen, auf denen die Planeten[10] sich nach strengen Gesetzmäßigkeiten um die Erde als Mittelpunkt des Universums bewegen. Diese Bahnen beschrieben sie modellhaft als Kreisbahnen. Die Babylonier kannten nur die numerische Berechnung von Planeten-Positionen zu bestimmten Zeitpunkten. Der Begriff einer „Umlaufbahn" war ihnen fremd. Das erste geschlossene Modell des Kosmos auf dieser Basis gelang Eudoxos von Knidos, einem Platon-Schüler. Das Modell war geozentrisch mit Sonne und Mond als Planeten unter vielen und um die Erde kreisende Fixsternsphäre. Man folgte dabei dem Postulat Platons, daß man die Bahnen der Himmelskörper mit der idealsten geschlossenen Kurve beschreiben müsse, dem Kreis. Im Laufe der Zeit wurde das Modell des Kosmos immer weiter verfeinert, bis es im 2. Jh. n. Chr. mit Klaudios Ptolemaios seinen Höhe- und Endpunkt erreichte. Um eine größere Genauigkeit zu erreichen, mußten immer mehr Hilfskreise angenommen werden, so daß am Ende eine Vielzahl von ineinander verzahnten Kreisbewegungen das System ausmachten anstelle der einfachen von Platon postulierten Kreise. Dieses System galt unter Fachastronomen seit jeher als mathematisches Modell zur Beschreibung der Phänomene, nicht als exaktes Bild der Wirklichkeit.

Parallel zu diesen mathematischen Modellen entwarf Aristoteles das Bild eines physikalischen Kosmos. Dabei knüpfte er an das ursprüngliche, inzwischen von Kallippos

---

[7] Die zitierte deutsche Übersetzung schreibt hier „Mathematik". Leibniz verwendet aber im lateinischen Text ausdrücklich „Geometria" und an anderer Stelle, wo er Mathematik meint, „Mathematica".

[8] Diese Schrift nannte der Herausgeber der aristotelischen Schriften im 1. Jh. v. Chr., Andronikos von Rhodos, „Metaphysik", da er sie im Gesamtwerk auf die „Physik" folgend einordnete. Aristoteles beschrieb dieses Gebiet als „Wissenschaft von den ersten Prinzipien und Ursachen". Metaphysik als das hinter der Natur Liegende verdanken wir späteren Denkern.

[9] Needham (1959), SCC III, 91.

[10] Planeten (griech. „Wandelsterne") waren bei den Griechen unsere Planeten, der Mond und die Sonne.

verfeinerte, Modell des Eudoxos an. Aristoteles sah im Kosmos einen großen Mechanismus aus ineinandergreifenden konzentrischen Kugelschalen, welche die Himmelskörper in Bewegung hielten. Angetrieben wurde das Ganze von der Fixsternsphäre, die er als äußeren Abschluß des Kosmos dachte. Diese wurde von dem „Unbewegten Beweger" angetrieben, allein dadurch daß dieser sein eigenes Denken dachte. Der Schwung übertrug sich von Schale zu Schale bis hinunter zur Sphäre des Mondes. Diese stellte eine Grenze dar zwischen zwei unterschiedlichen physikalischen Systemen.

Da war einmal die Region zwischen Mondbahn und Fixsternsphäre, in der ewige gleichförmige Bewegung herrschte und die von einem exotischen Element, der *Quinta essentia* oder dem *Äther* erfüllt war und der auch die Kristallsphären ausmachte, die Träger der Bewegungen waren. Unterhalb der Mondbahn im supralunaren Bereich herrschten die Gesetze der irdischen Physik, charakterisiert durch die Abfolge von Werden und Vergehen. Eine zentrale Bedeutung kommt auch hier der Bewegung (im übertragenen Sinne auch: Veränderung) zu. Aristoteles war überzeugt, daß in der Natur alle Ereignisse eine Ursache haben, daß es in der Natur also regelhaft zugeht. Er führt das Begriffspaar Potentialität und Aktualität ein. Die Eichel birgt als Potentialität bereits den ausgewachsenen Baum in sich, der dann nach Keimen und Wachstum in der Aktualität verwirklicht wird. Den vier Elementen ordnete er die Eigenschaftspaare Warm/Kalt und Trocken/Feucht zu: Trocken und Warm dem Feuer, Feucht und Warm der Luft, Feucht und Kalt dem Wasser und Kalt und Trocken der Erde. Jedes der Elemente hat die Potentialität, sich durch Wechsel der Eigenschaft in ihr Gegenteil, in ein anderes Element umzuwandeln. Eine Reduktion der Elemente auf mathematische Entitäten, wie Platon es getan hatte, lehnte er ab.

Aristoteles kannte noch nicht die absoluten Begriffe von Raum und Zeit, wie sie heute in der Physik verwendet werden. Für ihn war Raum immer der Ort (*topos*), an dem sich ein materieller Körper befand. Raum war immer nur definiert „mit etwas darin". Leerer Raum war für ihn ebenso unvorstellbar wie ein Vakuum. In der Kosmologie war für ihn der Raum auch mit der Fixsternsphäre zu Ende. Dahinter war Raum einfach nicht definiert.

Zeit war verursacht durch Bewegung, durch Veränderung. Zeit war für Aristoteles gleich der Zahl der Bewegungen zwischen einem Vorher und einem Nachher. Zudem hatte Zeit für ihn weder einen Anfang noch ein Ende.

Während das ptolemäische System des Kosmos den Fachastronomen als Rechenmodell diente, setzte sich das aristotelische System bei allen Nichtfachleuten durch. Im Mittelalter dominierte eine volkstümliche Version, in der sieben konzentrische Kugelschalen mechanisch miteinander verbunden waren und von der äußersten, der Fixsternsphäre angetrieben wurden. Dieses Modell bestimmte weitgehend das Denken der folgenden zwei Jahrtausende im Abendland und in der Zivilisation des Islam. Da es viele Fragen offen ließ und oft im Widerspruch zu den religiösen Vorstellungen stand, gab es aber auch Anlaß zu einer Vielzahl von neuen Denkansätzen.

Griechische Philosophie und Frühes Christentum.

Von hellenistischer Zeit bis ins ausgehende römische Imperium herrschten vier Philosophieschulen griechischer Herkunft: Die Platoniker, die Schüler des Aristoteles, auch Peripathetiker genannt, die Epikureer und die Stoiker. Nach der Zeitenwende, in den frühchristlichen Jahrhunderten, spielten praktisch nur noch die Platoniker und die Peripathetiker eine Rolle.

Im Christentum bildeten sich unterschiedliche Formen heraus, von denen für unsere Betrachtung zwei große Blöcke aus Sicht der weiteren Entwicklung relevant sind: Das ostsyrische Christentum des syro-aramäischen Kulturraumes, das sich von Ostsyrien bis ins persische Kernland erstreckte, und das nachpaulinische, hellenistisch geprägte griechisch-sprachige Christentum des Mittelmeerraumes, aus dem die europäischen Formen des Christentums erwuchsen. Dieser „christliche Hellenismus"[11] schlug sich nieder im Gebrauch des Griechischen bei der Abfassung der Evangelien und späterer Schriften. Mit der Sprache fand die griechische Begriffswelt mit ihren Bildern und Bedeutungsnuancen Eingang ins Christentum. So wurde auch aus der griechischen Philosophie, speziell dem Mittelplatonismus, der intellektuelle Überbau, die Theologie[12], übernommen, als die gedankliche Auseinandersetzung mit der Religion, parallel zum Glauben. Es entwickelte sich eine christliche Philosophie. Der Platonismus in der Form des Mittel- und Neuplatonismus nahm auf der anderen Seite immer mehr religiöse Züge an. Im Dialog befruchteten sich Neuplatonismus und Christentum gegenseitig, indem sie jeweils Gedanken von der anderen Seite übernahmen. Salopp kann man sagen, daß zur Zeit der Kirchenväter die Intellektuellen des Mittelmeer-Raumes in ihrer Grundbefindlichkeit Platoniker waren, entweder heidnische oder christliche. Nicht ohne Grund prägte Nietzsche das *bonmot „Christentum ist Platonismus für das Volk"*. Der Heilige Augustinus, in seiner Jugend Manichäer, fand über den Neuplatonismus zum Christentum. Er war in seiner Frühphase überzeugt, daß Platonismus und Christentum eine gemeinsame Basis hätten. Der späte Augustinus distanzierte sich allerdings ab etwa dem Jahre 397 von dieser Position. Insgesamt kann man sagen, daß die griechische Philosophie mit ihrem rationalen Denken und damit auch die griechischen Wissenschaften vom frühen Christentum nicht als Fremdkörper angesehen wurden.[13] Wie wir noch sehen werden, war es im Falle des Islam, der in eine ganz andere Zeit hinein geboren wurde, grundsätzlich anders.

---

[11] Jaeger (1963), 3 f.
[12] Im Christentum verwandte als Erster Origenes das Wort „Theologie" im wissenschaftlichen Sinne als „Kenntnis von Gott". Theologie im moderner Bedeutung geht auf Petrus Abaelard zurück.
[13] Dies betraf den „mainstream". Es gab selbstverständlich auch hier Kritiker und Gegner rationalen Denkens.

Das Schulwesen und die Sieben Freien Künste.

Bereits in hellenistischer Zeit gab es einen öffentlichen Unterricht, der in Privatschulen abgehalten wurde. Dabei waren Lehrer der Arithmetik und Geometrie, zusammen mit dem Reitlehrer, höher angesehen als die Repräsentanten der übrigen Fächer. Im 5. Jh. n. Chr. definierte der Römer Martianus Capella die folgende Aufstellung von Lehrfächern, die zusammengefaßt als die „Sieben Freien Künste" gelten: Das *Quadrivium*, bestehend aus Geometrie, Arithmetik, Astronomie und Musik, und das *Trivium*, bestehend aus Logik, Rhetorik und Grammatik. Der berühmte Arzt und Logiker Galen aus Pergamon (131-201) forderte, daß ein Studium der Logik und der Geometrie die Grundvoraussetzung für ein erfolgreiches Medizinstudium sei. An der spätantiken medizinischen Akademie von Alexandria wurde diese Forderung dann im Unterricht verwirklicht. Von den christlich-syrischen Ärzten, die u.a. an der Akademie von Gundeshapur im persischen Sassanidenreich wirkten und welche sich der alexandrinischen Tradition verpflichtet fühlten, wurde dieses Konzept übernommen.

Karl der Große (768-814) berief den irischen Mönch Alkuin an seinen Hof und ließ ihn ein flächendeckendes System aus kirchlichen Schulen errichten, um eine homogen ausgebildete Führungsschicht für kirchliche und staatliche Verwaltung zu schaffen. An diesen Schulen wurden die „Sieben Freien Künste" unterrichtet. An diese sog. Karolingische Reform schloß sich dann im 10. Jh. die Ottonische Renaissance der Sachsenkönige an. Führender Gelehrter war hier Gerbert von Aurillac, der spätere Papst Sylvester II.

Der geistige Aufbruch im 12. Jahrhundert.

Im 11. und 12. Jh. mit dem Aufkommen einer blühenden städtischen Kultur verlagerte sich der Unterricht von den Klosterschulen auf städtische Schulen. In den Städten entwickelte sich zudem ein unabhängiges Bürgertum. Handwerkergilden kamen auf. Das Interesse an lateinischen Klassikern und an lateinischen Übersetzung griechischer Werke wuchs. Im Zentrum der Aufmerksamkeit stand Platons Dialog *Timaios*, ins Lateinische übersetzt und kommentiert von Chalcidius (um 400 n. Chr.). Im 12. Jh. setzte dann eine Bewegung ein, das im Mittelalter verlorengegangene kulturelle Erbe der Griechen wiederzuerlangen. Es begann eine systematische Suche, die sich allerdings auf Philosophie, Naturwissenschaften und für die Theologie relevante Texte beschränkte. Der britische Historiker Ch. H. Haskins prägte für diese Epoche den Begriff „Die Renaissance des 12. Jahrhunderts"[14]

Fündig wurden die Text-Suchenden in Byzanz, im multikulturellen Sizilien, wo arabische, lateinische und griechische Kulturen nebeneinander lebten, und im arabischen

---

[14] Haskins (1933).

Reich „al-Andalus" auf der iberischen Halbinsel, wo den christlichen Eroberern im Rahmen der Reconquista umfangreiche Bibliotheken als Kriegsbeute in die Hände fielen. Um der Frage nachzugehen, warum gerade in der damaligen arabischen Kultur eine Quelle für die griechischen Schriften lag, müssen wir wieder um ein paar Jahrhunderte zurück gehen.

Arabisches Abbasidenreich: Wissenschaftliche Blüte im 9. Jahrhundert.

Im 6. Jh. gründete der Prophet Mohammed auf der arabischen Halbinsel in den Städten Mekka und Medina die Religion des Islam. Während die offizielle Heilsgeschichte weitgehend bekannt ist, stellen sich dem kritischen Historiker bezüglich der realen Geschichte des frühen Islam noch viele Fragen. Mit diesem kontroversen Gebiet wollen wir uns hier nicht befassen, sondern springen gleich mitten in die Hochblüte des Abbasidenreiches des 9. Jh. mit seiner Hauptstadt Bagdad. Unter dem Kalifen al-Mamun (813-833) vollzog sich dort ein kultureller Aufbruch, der sich über mehr als zwei Jahrhunderte erstrecken und auch weitere arabische Folgestaaten, wie das ägyptische Fatimidenreich und das spanische al-Andalus ergreifen sollte. Bereits zur Zeit der Vorgänger-Dynastie der Umayyaden war Arabisch als offizielle Amtssprache eingeführt worden. Auch die Gelehrten schrieben mehr und mehr in dieser Sprache. So wurden die Wissenschaften „arabisch". Auch nach dem Zerfall des arabischen Großreiches der Abbasiden blieb Arabisch die Wissenschaftssprache in den Nachfolgestaaten. Nur in Persien gewann das Persische neu an Bedeutung.

Die Araber und mit ihnen der Islam entwickelten sich nicht in einem kulturfreien Raum. Sie wurden vielmehr in die Welt des vorderasiatischen Hellenismus hineingeboren, der längst nicht mehr nur im Medium der griechischen Sprache überliefert wurde sondern von den lokalen Sprachen Besitz ergriffen hatte, vor allen vom Syro-Aramäischen und vom Persischen. Das Abbasidenreich war ein multikulturelles, multiethnisches und multireligiöses Imperium. Der Islam hatte zu Zeiten al-Mamuns noch nicht seine endgültige Ausprägung erfahren. Seine Anhänger stellten zudem immer noch eine Minderheit dar. Perser – Zoroastrier und Manichäer – und vor allem Christen aus dem syro-aramäischen Sprachraum gaben in Bagdad den Ton an. Dazu kamen Juden, Sabier und aus den genannten Religionen frisch zum Islam Konvertierte. Die Oberschicht des Reiches, die in Bagdad residierte, war sehr wohlhabend. Man holte sich, da man es sich leisten konnte, die besten Ärzte nach Bagdad. Das waren zu jener Zeit christliche Syrer aus dem persischen Gundeshapur. Da sie nach den Vorgaben des Galen von Pergamon gelernt hatten und auch danach lehrten, brachten sie nicht nur die Medizin nach Bagdad, sondern auch die Tradition der griechischen Philosophie, Mathematik und Naturforschung.

Eine bereits früher begonnene Übersetzertätigkeit zur Übertragung griechischer Texte ins Arabische erreichte unter al-Mamun ihren Höhepunkt. Die wesentliche Triebkraft dieser Bewegung war die Geisteshaltung der aufnehmenden Gesellschaft. Im Grunde hatte sich durch die arabischen Eroberungen die Gesellschaft im Gebiet der Nachfolgestaaten des ehemaligen Alexanderreiches nicht wesentlich verändert. Tonangebend waren die gleichen hellenistisch geprägten multiethnischen Eliten. Nur das Medium der Sprache wandelte sich im Laufe der Jahrhunderte. Es fand also kein kultureller Sprung oder Bruch in der frühen Abbasidenzeit statt, sondern es vollzog sich eine kontinuierliche Entwicklung. Auch im wissenschaftlichen Denken gab es keinen Umbruch im Sinne einer Wissenschaftlichen Revolution. Arabischsprachige Gelehrte erzielten zwar einen beachtlichen Zugewinn an Erkenntnissen, dies aber voll innerhalb des Paradigmas der hellenistischen Wissenschaften. Wissenschaft blieb in der gesamten islamischen Welt das „private Vergnügen" Einzelner, die durch Raum und Zeit voneinander getrennt sporadisch auftraten. Wissenschaft wurde noch nicht institutionalisiert und damit noch nicht systematisch betrieben wie später in Europa. Von Seiten des Islams und seinen Religionsvertretern wurden die griechischen und hellenistischen Wissenschaften als „Fremde Wissenschaften" betrachtet, die mit der Religion nicht vereinbar waren und daher bekämpft wurden. Über die Jahrhunderte verdankten es große Gelehrte fast immer dem Mäzenatentum einzelner Herrscher, daß sie ihrem Hobby nachgehen konnten. Die Bildungseliten der islamischen Welt waren, im Gegensatz zu den Religionsgelehrten, an den Wissenschaften interessiert, vor allem an Fragen der Kosmologie und Kosmogonie. Diese, sowie die Ordnung der Natur als Werk des Schöpfers, standen ja nicht nur im Christentum sondern auch im Islam im Zentrum des Interesses.

Die bedeutendsten Übersetzer der frühen Abbasidenzeit waren der Arzt Hunayn ibn Ishaq, ein christlicher Araber aus dem Südirak, der bedeutende Mathematiker Thabit ibn Qurra, ein Sabier aus Harran, der vor allem die ersten brauchbaren Übersetzungen der *Elemente* des Euklid und des *Almagest* des Ptolemaios ins Arabische lieferte, sowie Qusta ibn Luqa, ein christlich-griechischer Arzt aus Baalbek. Thabit ibn Qurra übersetzte auch die Schriften späterer großer Mathematiker, wie Archimedes und Apollonius. Im 10. Jh. begann mit dem Christen Abu Bishr Matta und seinen Schülern die textkritische Übersetzung aristotelischer Schriften und deren Kommentare, die wesentlich zu einer Erneuerung aristotelischer Studien beitrug. Bedeutendster Denker dieser Bewegung war der Philosoph al-Farabi (lat. *Abunaser*, 870-950), ein Zeitgenosse Mattas.

Medizinische Fachtexte wurden meist erst ins Syro-Aramäische, die Muttersprache der christlichen Ärzte, übersetzt. Am Anfang der Übersetzungen ins Arabische, gedacht für die nach Allgemeinbildung suchenden Eliten, standen nicht die Werke der großen Philosophen und Gelehrten, sondern die Schriften der populärwissenschaftlichen und parawissenschaftlichen Unterströmung des hellenistischen Milieus.

Wahrung und Fortführung des griechischen Erbes in den arabischen Reichen.

Durch die Übersetzung der Werke griechischer Autoren ins Arabische wurde im arabischen Imperium die rationale Philosophie begründet. Von besonderer Wichtigkeit waren dabei die Schriften des Aristoteles. Die arabisch-persischen Philosophen fühlten sich als die Erben des Aristoteles, obgleich sie in Wirklichkeit – ohne es zu merken - Neuplatoniker waren. Ihre ethischen, politischen und theologischen Lehren bezogen sie zumeist aus dem Mittelplatonismus. Zwei besonders wirksame Bücher der islamischen Epoche waren einmal *„Die Theologie des Aristoteles"*, eine Paraphrase der Kapitel IV bis VI der Enneaden des Neuplatonikers Plotin (204-270), und *„Das Buch des Aristoteles zur Darlegung der reinen Gutheit"*, das in der späteren lateinischen Version als *Liber de causis* bekannt wurde. Es basierte auf einer neuplatonischen Schrift des Proklos (410-485) mit dem Titel *Elemente der Theologie*. Es ist eine Zusammenfassung der *Metaphysik* des Aristoteles aus neuplatonischer Sicht, die mit neuplatonischen Gedanken abgerundet ist. Beide Werke entstanden offenbar auf arabisch, da keine griechischen Zwischentexte bekannt sind. Die Überlieferung des reinen, von Neuplatonischem bereinigten Aristoteles verdanken wir dem andalusischen Gelehrten Ibn Rushd (lat. *Averroes*, 1126-1198), der mit seiner Aristoteles-Übersetzung und seinen Kommentaren für die Philosophie des europäischen Mittelalters prägend war.

Die Gelehrten des arabischen Weltreichs waren in der Regel Universalgelehrte: Philosophen, Ärzte, Naturforscher und oft dazu noch Rechtsgelehrte. Al-Kindi, mit dem die rationale Philosophie im arabischen Imperium begann, war der einzige Araber unter den Philosophen. Einer der klarsten und kritischsten Denker seiner Zeit war der Perser ar-Razi (lat. *Rhazes*, 864-925 oder 932). Er entwickelte – im Gegensatz zu aristotelischem Ideengut – ein Konzept von absolutem Raum und absoluter Zeit, das dem der modernen Physik bereits sehr nahe kommt. Er war auch ein bedeutender Arzt. Seine medizinischen Werke, *Liber Almansori* und *Liber continens*, wurden später in Europa vielbenutzte Lehrbücher. Als Alchimist muß er ein fast modernes Chemielabor betrieben haben. Sein alchimistisches Hauptwerk mit dem Titel *Geheimnis der Geheimnisse* liest sich fast wie ein modernes Labor-Handbuch. Al-Farabi war türkischer Abstammung aus Transoxanien. Er war der erste bedeutende Neuplatoniker arabischer Sprache. Seine geistigen „Schüler" sind der persische Philosoph Ibn Sina (lat.: *Avicenna*, ca. 980-1037), der Andalusier Ibn Rushd, der jüdische Philosoph Maimonides und die europäischen Scholastiker. Auch Ibn Sina war ein bedeutender Arzt. Sein Hauptwerk, das *Kompendium der Medizin*, war durch seine überragende Klarheit und Systematik, gepaart mit größtmöglicher Vollständigkeit, über Jahrhunderte das erfolgreichste Lehrbuch der Medizin, sowohl in der islamischen Welt als auch in Europa.

Schwerpunkte wissenschaftlicher Tätigkeit in den arabischen Reichen lagen in der Astronomie, der Mathematik und in der Alchemie.

In der Astronomie entwickelten die arabisch-schreibenden Gelehrten bereits von den Griechen erfundene Meßinstrumente, wie Astrolabium, Jakobstab, Armillarsphäre und Quadranten weiter. Bedeutende Observatorien wurden gebaut. Das ptolemaiische System wurde durch neuere und exaktere Messungen auf eine solidere Basis gestellt. In der Mathematik entwickelte Thabit ibn Qurra die Trigonometrie als eigenständigen Zweig der Mathematik, mit deren Hilfe astronomische Berechnungen vereinfacht wurden. Praktische und für die tägliche Religionsausübung im Islam wichtige Fragen konnten mit der Astronomie gelöst werden: Die Festlegung der Gebetsrichtung nach Mekka in der örtlichen Moschee, die Datierung der Feiertage und die Festlegung der täglichen Gebetszeiten. Dafür hatte jede Moschee ihren Astronomen, den Muwaqqit, von denen einige bedeutende Wissenschaftler waren. Die Kritik am ptolemaiischen System häufte sich im Laufe der Zeit, allerdings ohne daß eine echte Alternative gefunden wurde.

Im 9. Jh. erschien das erste Lehrbuch der Arithmetik unter Verwendung indischer Zahlen. Vom verballhornten lateinischen Namen seines Autors, al-Khwarizmi, leitet sich unser Begriff „Algorithmus" her; aus dem Titel eines weiteren Werkes des gleichen Autors unser Begriff „Algebra".

Die Alchimisten der arabischen Ära vereinigten alchimistisches Wissen des spätantiken Alexandria mit aus China übernommenen Kenntnissen. Damit lieferten sie die Basis für die Weiterentwicklung der Alchemie in Europa. Hier kommt, neben dem Gabir-Corpus[15], dem Universalgelehrten ar-Razi eine besondere Bedeutung zu. Namen, wie Alkohol, Anilin, Alkali, Natron, Amalgam, Borax, Zucker, Sirup, Naphtha, Benzin und Benzol, um nur einige zu nennen, sind arabischen Ursprungs. Sie dokumentieren mehr als lange Ausführungen, welche Bedeutung die arabische Alchemie für Europa hatte.

Als Arzt untersuchte ar-Razi bereits systematisch die Wirksamkeit von Heilverfahren, in der Art wie heute eine Klinische Studie durchgeführt wird, indem er ein Patientenkollektiv teilte, die eine Hälfte behandelte und die andere nicht.

Ein bedeutender Wissenschaftler war auch Ibn al-Haytham (lat. *Alhazen*, 965-1040), der meist im ägyptischen Fatimidenreich wirkte. Er war der erste Gelehrte, der den Begriff „Experiment" (arab. *i'tibar*) als Methode zum Erkenntnisgewinn einführte. Er ist der Vater der Strahlenoptik. Er betrachtete Licht als aus Strahlen zusammengesetzt, unterschied zwischen primären und sekundären Lichtquellen. Er schloß, daß Farbigkeit an Licht gebunden ist.

---

[15] Eine Sammlung alchimistischer Schriften, die einem gewissen Abu Musa Gabir ibn Hayyan zugeschrieben wurden, der angeblich von 721 bis 815 gelebt haben und ein Schüler des 6. Imam, Jafar as-Sadiq, gewesen sein soll. Wahrscheinlich lebte er wirklich und ist der Verfasser der älteren Schriften des Corpus. Spätere Beiträge wurden dann von anderen Autoren hinzugefügt. Die Frage ist aber noch umstritten.

Bücher waren in islamischer Zeit immer noch Manuskripte. Wichtig war aus islamischer Sicht nicht nur der Inhalt eines überlieferten Manuskripts sondern auch die lückenlos dokumentierte Überlieferungskette. Die „Veröffentlichung" eines Buches wurde dadurch vollzogen, daß der Autor das Buch einem Kreis von Zuhörern diktierte, einer von diesen das Ganze noch einmal aus seinem Script vorlas, der Autor noch Verbesserungen vornahm und dann alle Exemplare seiner Schüler signierte. Ähnlich wurden später Werke eines verstorbenen Verfassers unter Aufsicht eines Fachgelehrten vervielfältigt. Vor diesem Hintergrund lehnten Muslime seit jeher den Buchdruck ab. Auch galt der Buchdruck bei ihnen fälschlicherweise als eine Erfindung der europäischen „Ungläubigen". Das hatte zur Folge, daß z.B. der erste in arabischer Schrift gedruckte Koran 1530 in Venedig erschien und nicht im Orient. Buch- und Zeitungsdruck setzte sich im Nahen Osten erst im Laufe des 19. Jh. durch. Trotz dieser mühevollen Buchvervielfältigung hatte die arabisch/islamische Kultur des Mittelalters ein hochentwickeltes Buch- und Bibliothekswesen. Die Palastbibliotheken der Kalifen hatten legendäre Ausmaße mit Buchbeständen von einer halben Million Büchern. Daneben gab es umfangreiche Bibliotheken reicher Privatleute und vor allem ein System von öffentlichen Bibliotheken, die den Moscheen und Madrasen angegliedert waren.

Reconquista: Raub des griechischen Erbes in al-Andalus. Friedlicher Wissenstransfer in Sizilien und von Byzanz aus.

Es war also nicht verwunderlich, daß den christlichen Eroberern der iberischen Halbinsel im Rahmen der Reconquista umfangreiche Buchbestände in die Hände fielen. Davor behandelten die Muslime eine Weitergabe wissenschaftlicher Manuskripte an Christen sehr restriktiv. Es entwickelte sich im 12. und 13. Jh. in Spanien, besonders in Toledo, eine rege Übersetzertätigkeit. Bedeutende Übersetzer waren Domenicus Gundissalinus, Gerard von Cremona und die Engländer Robert von Chester, Adelard von Bath und Michael Scotus. Die Tätigkeit der englischen Übersetzer trug wesentlich dazu bei, daß England bereits früh zu einem Zentrum der Naturphilosophie wurde. Übersetzt wurde „was den Übersetzern in die Finger geriet"; zuerst die weniger umfangreichen Schriften, dann die größeren. Der Koran wurde 1143 ins Lateinische übersetzt (Robert von Chester), dann die mathematischen Schriften des al-Khwarizmi, die Werke von Euklid, Ptolemaios und auch Archimedes; die medizinischen Werke von Galen, Ibn Sina und ar-Razi; astronomische Tabellen; die Schriften des Aristoteles und die der aristotelisch-neuplatonischen arabischen Philosophen. Wichtig waren vor allem auch die Aristoteles-Kommentare des Ibn Rushd, deren Rezeption dann Quelle des „Pariser Averroismus" wurde.

Im 13. Jh. verlagerte sich der Schwerpunkt der Übersetzertätigkeit nach Sizilien, an den Hof der Staufer. Hier übersetzte man auch direkt aus dem Griechischen. Eine bedeutende Rolle spielte dabei der Dominikaner Wilhelm von Moerbeke (ca. 1215- ca

1286), der u.a. auf Anregung seines Freundes des Philosophen Thomas von Aquin die meisten Schriften des Aristoteles und einige bedeutende griechische Aristoteles-Kommentare aus dem Griechischen ins Lateinische übertrug. Henricus Aristippus, Erzdiakon von Catania, übersetzte die platonischen Dialoge *Menon* und *Phaidon* vom Griechischen ins Lateinische. In Sizilien wurde der *Almagest* (*Syntaxis*) des Ptolemaios bereits 1160 aus dem Griechischen übersetzt, 15 Jahre bevor ihn Gerard von Cremona aus dem Arabischen übertrug. Auch in Norditalien wurde aus dem Griechischen übersetzt. Dort übertrug z.B. Jakob der Venetianer (fl. 1136-1148) bereits Schriften des Aristoteles.

Diese Beispiele untermauern die These, daß die Weitergabe des griechischen Erbes nicht ihre Ursache in einer „missionarischen Tätigkeit" der Muslime hatte, sondern in der bewußten Suche der Westeuropäer. Interessanterweise spielten die Kreuzzüge bei der Übernahme des griechischen Erbes von der arabischen Welt keine erkennbare Rolle.

Aus der islamischen Welt übernahm Westeuropa damals auch die astronomischen Meßinstrumente, wie z.B. das Astrolabium. Dieses begeisterte damalige Gelehrte besonders, wie z.B. Abaelard, der seinen illegitimen Sohn mit seiner Schülerin Heloise „Astrolabius" nannte. Die erste Monographie über das Astrolabium verfaßte in Europa Gerbert von Aurillac (ca. 945-1003), der spätere Papst Sylvester II.

Auf der Basis der übersetzten mathematischen Werke, besonders auch jenen der arabisch-sprachiger Autoren, entstanden im 13. Jh. die ersten abendländischen Lehrbücher der Mathematik. Bedeutende Autoren waren Leonardo von Pisa (Fibonacci), Jordanus de Nemore und Johannes de Sacrobosco.

Die aristotelische Logik und Naturphilosophie wurden in der Folge vom Abendland vereinnahmt und bildeten die Grundlage des Curriculums der europäischen Universitäten. Der Aristotelismus behielt diese zentrale Stellung bis er dann gegen Ende des 15. Jh. vom Renaissance-Platonismus abgelöst wurde.

Die bis zum 13. Jh. in Westeuropa bekannt gewordenen arabisch-sprachigen Wissenschaftler erhielten zumeist einen lateinischen Namen. Es gab aber noch einige bedeutende Gelehrte im arabischen und persischen Sprachraum, die man damals noch nicht kannte, oder die erst später geboren wurden. Ihre Schriften lernte man in Europa teilweise erst im 19. Jh. im Rahmen von orientalistischen Studien kennen.

Arabisch-persische Wissenschaftler ohne lateinische Namen.

In Zentralasien lebte um das Jahr 1000 al-Biruni. Er war ein großer Praktiker, der Experimente durchführte, um bestehende Vorstellungen zu widerlegen, die er in Zweifel zog. Einige dieser Experimente sind in einem Briefwechsel mit Ibn Sina überliefert. Er zeigte z.B. daß Wasser sich beim Gefrieren ausdehnt und daß es doch Unterdruck und damit – entgegen dem Dogma des Aristoteles – ein Vakuum gibt. Mit einem Pyknometer bestimmte er die Dichte von Flüssigkeiten und von pulverförmigen Festkörpern. Die Dichte von unregelmäßigen Festkörpern ermittelte er mit einer Waage, die es erlaubte das Gewicht des Körpers in Luft und in Wasser zu bestimmen. Al-Khazini verbesserte ein Jahrhundert später diese Waage und ermittelte das spezifische Gewicht verschiedener fester Stoffe bereits mit einer Genauigkeit, die in Europa erst um 1800 erreicht wurde.

Im 11. Jh. wirkte der Perser Omar Khayyam (1048-1131) an der Sternwarte von Isfahan des Seldschuken-Sultans Malik Schah. Er war ein bedeutender Mathematiker und Astronom sowie einer der großen Poeten Persiens. Er berechnete einen Sonnenkalender, der an Genauigkeit dem späteren gregorianischen Kalender Europas deutlich überlegen war.

Ein weiterer bedeutender Universaalgelehrter, auch aus Ostpersien stammend, war Nasir ad-Din at-Tusi (1201-1274). Er wirkte fast drei Jahrzehnte im Herrschaftsgebiet der Ismailiten, zuletzt auf der Bergfeste Alamut. Als diese von den Mongolen erobert wurde, trat er in deren Dienste. Im Auftrag des ersten Herrschers der Il-Khane, Hülägü, errichtete und leitete er die legendäre Sternwarte von Maragha. Von ihm stammen bahnbrechende Arbeiten in Mathematik und Astronomie. So z.B. das berühmte „Tusi Paar", ein mathematische Modell das auch auf ungeklärtem Wege in das kopernikanische Modell des Kosmos Eingang gefunden hat. Mit einer Monographie machte er die Trigonometrie endgültig zu einer eigenständigen Wissenschaft. Auf persisch verfaßte er mehrere Schriften über Logik und eine über Mineralogie. Sein Werk über Ethik, die *Nasirische Ethik*, war für Jahrhunderte das bedeutendste Werk dieser Art in persischer Sprache. Auch verfaßte er wichtige Schriften zur Theologie der Ismailiten.

Mittelalterliche Universitäten: Institutionalisierung der Wissenschaften.

Der Historiker und Geschichtsphilosoph Ibn Khaldun schrieb im Jahre 1377 den Prolog zu seinem großen Geschichtswerk, die *Muqaddimah*. Darin berichtete er, etwas verwundert und vor allem ungläubig, es ginge das Gerücht um, daß im christlichen Europa die philosophischen Wissenschaften in großem Umfang systematisch gelehrt würden und daß die Anzahl der Studenten dort sehr groß sei. Er schloß mit der skeptischen Bemerkung *„Gott weiß besser, was da vorgeht"*.[16] Was war in der Zwischenzeit in Europa geschehen?

Ende des 12. und Anfang des 13. Jh. waren in Europa die ersten Universitäten entstanden. Die älteste war die von Bologna (*1193), die aus den dort bereits vorhandenen europaweit berühmten Rechtsschulen, in denen das Römische Recht (berühmter Lehrer: Irnerius) und das Kirchenrecht (dort wirkte Gratian) gelehrt wurden. Kaiser Friedrich Barbarossa hatte bereits 1158 den Schülern dieser Rechtsschulen mit seiner *Authetica Habita* Rechtssicherheit verschafft, indem sie rechtlich Pilgern gleichgestellt wurden. Organisatorisches Vorbild boten den Universitäten die Handwerkergilden, deren Organisationsform „Universitas" hieß. Auf Bologna folgten die Universitäten Paris (*1208) und Oxford (*1220). Weitere folgten, nach dem Vorbild der ersten drei. Gegen Ende des Mittelalters gab es in Europa ca. 80 Universitäten. Von Anbeginn standen die Universitäten unter dem Schutz der Päpste, die – notfalls mit Exkommunikation der Opponenten – die Unabhängigkeit der Universitäten garantierten. Die Päpste achteten auch auf eine europaweit verbindliche Qualität des Lehrangebotes. Wenn dieses an Umfang und Qualität den Vorgaben entsprach, erhielten die Universitäten das Gütesiegel *Studium Generale*. Auf dieser Basis war es leicht für Studenten und Dozenten von einer Universität zur anderen zu wechseln. Erhielten letztere von einer Universität mit dem Prädikat *Studium Generale* die Lehrbefugnis, die *licentia docendi*, so konnten sie an jede europäische Universität gleicher Güteklasse wechseln und dort unterrichten: *Jus ubique docendi*. Rechtlich hatten die Universitäten den Status von Institutionen oder „juristischen Personen", eine Besonderheit des Römischen Rechts. Sie konnten also vor Gericht als Kläger auftreten, um ihre Rechte einzufordern. Im islamischen Recht gibt es hingegen diesen Status nicht. Hier hat man es nur mit natürlichen Personen zu tun. Auch die Organisationsform einer religiösen Stiftung (*waqf*) im Islam ist der Rechtsform einer juristischen Person nicht vergleichbar.

Das Studium der „Sieben Freien Künste" war an den Universitäten für jeden Studierenden als Propädeutikum obligatorisch. Ebenso wurden sie europaweit an den Lateinschulen und den klerikalen Schulen als Vorbereitung auf ein Studium gelehrt. Die Kenntnis der aristotelischen Schriften führte zu einer radikalen Änderung des Lehrplans. In Paris rückten Logik, Metaphysik und Ethik ins Zentrum des Interesses, in Oxford hingegen Logik und Naturphilosophie, mit Schwerpunkt auf Euklids *Elemen-*

---

[16] Rosenthal (1958), Bd. III, 117 f.

ten und Ptolemaios' *Almagest*. Die Zahl der Studierenden allein in Deutschland stieg von ca. 3000 im Jahre 1400 auf knapp 14.000 zu Beginn des 16. Jh. an. An den Universitäten entstand bald der Berufsstand des Universitätslehrers, der die Wissenschaft zu seinem Beruf machte. Die Fächer Logik und Naturphilosophie (Mathematik, Physik und Astronomie) wurden institutionalisiert und von einer immer größeren Anzahl von Fachleuten systematisch betrieben. Es wurde zudem eine zahlenmäßig bedeutende Bildungselite geschaffen, die einem europaweit anerkannten und gleichartigen Bildungsstandard genügte. Die Beschäftigung mit Mathematik und den naturwissenschaftlichen Fächern war nicht mehr das Privatvergnügen sporadisch auftretender Einzelpersonen, wie im Altertum und in der islamisch/arabischen Welt, sie entwickelte sich vielmehr zu einer Massenbewegung. Im Laufe des 17. Jh. machte die Organisation der Wissenschaftler in Akademien und die Kommunikation untereinander gewaltige Fortschritte. Jeder kannte die Ergebnisse seiner Fachkollegen (natürlich nicht so zeitnah wie heute) und neue Entdeckungen lagen sozusagen „in der Luft". Es entstand ein Phänomen, das in der Antike und unter den arabisch-schreibenden Gelehrten noch unbekannt war: Der Prioritätsstreit. Bereits zu Zeiten Galileis hatte die Naturforschung den Charakter eines autonomen, „sich selbst organisierenden komplexen Systems" angenommen, das sich selbständig, unabhängig vom Beitrag Einzelner, im Rahmen der Zeit fortbewegt. So kann man mit Fug und Recht bei Betrachtung der vielen Prioritätsdispute Galileis die These aufstellen, daß der Fortschritt in der Naturwissenschaft nur unmerklich verzögert worden wäre, wenn es Galilei überhaupt nicht gegeben hätte. Wir müßten uns nur statt dem des Galilei ein halbes Dutzend anderer Namen merken, wie Simon Stevin, Christoph Scheiner, Thomas Harriot, um nur einige zu nennen.

Ein weiterer Faktor, der die Entwicklung begünstigte, war der Buchdruck gepaart mit der starken politischen Fragmentierung in Europa. Ein halbes Jahrhundert nach der „Erfindung" des Buchdrucks durch Gutenberg waren bereits zehn- bis fünfzehntausend Werke mit einer Gesamtauflage von ca. 20 Mio im Druck erschienen. Bücher, die in einem Land verboten waren, konnten in einem anderen Land gedruckt werden. So konnte Galilei das Manuskript eines Spätwerkes nach Holland schmuggeln lassen, wo es 1638 gedruckt wurde.

Die immer rascher verlaufende Entwicklung in Europa, die wissenschaftliche Revolution und die Geburt der modernen Naturwissenschaften wurden in der islamischen Welt nicht wahrgenommen. Erst im 19. Jh. sah man sich dort einer neuen und unverständlichen Welt gegenüber. Offenbar hatte man bis dahin an die Überlegenheit der eigenen Kultur geglaubt und in den Europäern immer noch die Barbaren gesehen, mit denen man zur Zeit der Kreuzzüge in Berührung gekommen war.

Die Entwicklung der Naturwissenschaften zur Massenbewegung gab dann, zusammen mit der Verknöcherung der aristotelischen Naturphilosophie an den Universitäten, den

Nährboden für die „Wissenschaftliche Revolution des 17. Jahrhunderts". Denn für eine Revolution benötigt man zweierlei: Volksmassen, die revoltieren, und eine Macht, gegen die revoltiert wird.

Die Wissenschaftliche Revolution des 17. Jahrhunderts.

Nach neueren Erkenntnissen war die „Wissenschaftliche Revolution" allerdings keine echte Revolution, zumindest nicht bei diachroner Betrachtung. Sie wurde erst retrospektiv als solche deklariert. Es war vielmehr ein kontinuierlicher Prozeß, der langsam zu einem Umdenken unter den Gelehrten führte. Er begann im Jahre 1543 mit Erscheinen des Werkes *De revolutionibus orbium* von Nikolaus Kopernikus. Der Autor war kein Neuerer, sondern er wollte ein System schaffen, das der antiken Forderung Platons gerecht würde, daß die Planeten auf Kreisbahnen umlaufen. Er war also genau genommen der letzte Astronom der Antike. Qualitativ war sein heliozentrisches System dem des Ptolemaios überlegen, quantitativ und vom Rechenaufwand allerdings nicht. Die Kritik der Kirche am kopernikanischen System ging von den Protestanten aus, die als „Fundamentalisten" einen Widerspruch zur Bibel entdeckten. Im Zuge der Gegenreformation zog die Katholische Kirche nach, unter Bruch mit einer jahrhundertealten liberalen Einstellung gegenüber der Naturphilosophie.

In der italienischen Renaissance kam es im 15. Jh. zu einer Wiederentdeckung Platons und des Platonismus. Die an den Universitäten verknöcherte und dogmatisierte aristotelische Naturphilosophie, die Macht gegen die revoltiert wurde, hatte inzwischen mit einer immer größeren Anzahl von Widersprüchen und Ungereimtheiten zu kämpfen. Vor allem war sie mit immer weniger experimentellen Ergebnissen und astronomischen Beobachtungen vereinbar. Die auf dem Platonismus basierende Gegenbewegung brachte u.a. zwei wesentlich neue Grundsätze: Erstens war die Natur mathematisch beschreibbar; zum anderen gab es keinen Unterschied bezüglich der Physik des sublunaren und supralunaren Raumes.

Das Handwerk lieferte präzise Instrumente, mit denen sich physikalische und astronomische Messungen mit immer besserer Präzision durchführen ließen. Naturwissenschaftliche Betätigung verlagerte sich weg von den Universitäten an Fürstenhöfe, zu neugegründeten Akademien und in die Städte. War der Naturphilosoph des Mittelalters meist noch Theologe gewesen, war der Naturforscher der beginnenden Neuzeit in der Regel kein Kleriker mehr.

Hervortretende Persönlichkeiten dieser Zeit waren u.a. Tycho Brahe, Johannes Kepler, Galileo Galilei und der britische Privatgelehrte Robert Boyle. Den Abschluß und die Wende zu einer neuen Epoche bildete schließlich Isaak Newton mit seinem Hauptwerk, den *Principia* im Jahre 1687. Die Naturwissenschaften lösten sich mit seinem Werk von der Philosophie und wurden in zunehmenden Maße mathematisiert, bis dann Ende des 19. Jh. die vollständige Mathematisierung der exakten Naturwissenschaften vollzogen wurde.

Christentum als Nährboden für die Entwicklung der Naturwissenschaften.

Wie wir gesehen haben, war die Entwicklung von der antiken zur modernen Naturwissenschaft an verschiedene Meilensteine in der historischen Entwicklung gebunden, die nur in Westeuropa auftraten. Daß es so war, ist nicht das „Verdienst" der Europäer, sondern ein zufällig sich ergebenes Resultat unserer abendländischen Kulturgeschichte.

Entscheidende Beiträge lieferte dabei das Christentum. Es begann mit der Trennung von Religion und weltlichem Bereich (*So gebt dem Kaiser, was des Kaisers ist, und Gott, was Gottes ist*). Ohne diese Abgrenzung wäre später allein der Gedanke an eine Säkularisierung nicht möglich gewesen. Das setzte sich fort im mittelalterlichen Dualismus zwischen Papst und Kaiser, in den beiden Rechtssystemen, dem römischen und dem kanonischen Recht. Das paulinische Christentum entwickelte sich im Medium des Griechischen und im Umfeld des Neuplatonismus. Es mußte sich mit der griechischen Philosophie auseinandersetzen und sie letztendlich als mit dem Glauben vereinbar betrachten.

Der Islam kennt nicht den Unterschied zwischen religiösem und außerreligiösem Bereich. Sein Gesetz, die Sharia, umfaßt den gesamten Lebensbereich. Zudem ist es ein göttliches Gesetz, daher nicht wandelbar. Der Islam wurde in eine Welt „hineingeboren", in der die beiden anderen monotheistischen Religionen, Judentum und Christentum, vorherrschten. Rationales Denken kam hier nicht zum Zuge.

Entscheidend waren dann die Universitäten, wo die rationalen Wissenschaften erstmals in der Menschheitsgeschichte institutionalisiert wurden und die Beschäftigung mit ihnen sich zu einer Massenbewegung ausweitete. Ohne die Eigenart des römischen Rechts und die schützende Hand des Papstes wäre das nicht gelungen.

Auch bedingt durch das Curriculum der Universitäten waren die mittelalterlichen Naturphilosophen zumeist Kleriker. Oft richteten sie auch theologische Argumente gegen die Lehren des Aristoteles, die dann zu weiterem Fortschritt Anlaß gaben. Ein Beispiel ist die Kritik an der Raumvorstellung des Aristoteles. Nach der gab es keinen leeren Raum, auch ein Vakuum war undenkbar. Jenseits der Fixsternsphäre, die den Kosmos begrenzte, war Raum nicht mehr definiert. Das verletzte das Prinzip der Allmacht Gottes, denn so konnte Gott den Kosmos weder verschieben, noch konnte er daneben einen zweiten Kosmos bauen. Es mußte also einen leeren Raum gebe. Wenn es den gab, mußte er auch als Vakuum auf der Erde realisierbar sein.

Bei aller Begeisterung für die modernen Naturwissenschaften und die darauf basierende Hochtechnologie, übersieht man leicht die christlich-abendländischen Wurzeln dieser Entwicklung. Auch ist es heute im Zeitalter des Multikulti verbreitet, andere Kulturen und Ideologien hoch zu loben und die eigene Kulturtradition zu vergessen. Dazu besteht jedoch wirklich keine Veranlassung.

Naturwissenschaften als Welterklärungsmodell

Der in Geometrie Unkundige hat keinen Zutritt.
Schild am Eingang zu Platons Akademie

Man muß es nur gestehen, wer naturwissenschaftliche
Fragen ohne Hilfe der Geometrie behandeln will,
unternimmt etwas Unausführbares.
Galileo Galilei

Als Naturwissenschaftler gehen wir davon aus, daß die uns umgebende Natur real vorhanden ist und nicht, wie manche Philosophen behaupteten, nur in unserer Einbildung existiert. Aufgrund ihrer Mannigfaltigkeit, ihrer Komplexität und unserer Beschränktheit können wir die Natur im Sinne von „absoluter Wahrheit" allerdings niemals genau erfassen. Wir sind vielmehr darauf angewiesen uns von ihr ein Abbild zu entwerfen, das sie möglichst genau, jedoch nie vollständig, beschreibt. Abbilder oder Modelle ihrer Umwelt machten sich bereits die prähistorischen Menschen, wie wir aus archäologischen Funden schließen. Im Laufe der Menschheitsentwicklung wurden diese Modelle, mit denen wir unsere Umwelt zu verstehen versuchen, immer komplexer, aber auch immer leistungsfähiger. Heutzutage haben wir mit den modernen Naturwissenschaften das erfolgreichste Welterklärungsmodell, das die Menschheit bisher geschaffen hat.

Das Gedankengebäude der modernen Naturwissenschaften unterscheidet sich grundlegend von älteren oder gegenwärtigen Welterklärungsmodellen der Religionen oder Philosophien: Es beansprucht nicht, eine „absolute Wahrheit" darzustellen. Alles was von der Natur ausgesagt wird, hat nur einen vorläufigen Charakter. Die Theorien und Modelle der Naturwissenschaft sind immer nur Näherungen im mathematischen Sinne, welche die Wirklichkeit zwar immer genauer, jedoch niemals exakt beschreiben. Sie sind zudem auch stets vorläufig, denn sie gelten immer nur solange, bis wir eine Tatsache entdecken, die von unserem Modell nicht mehr erklärt wird. Dann wird, um den neuen Tatbestand zu berücksichtigen, das Modell erweitert oder durch ein ganz neues ersetzt.

Es gibt in der Naturwissenschaft auch keine Autoritäten im Sinne von frommen oder weisen alten Männern der Vergangenheit oder in Form von heiligen Schriften. Was allein zählt, sind Tatsachen, die uns durch Beobachtung oder durch ein wissenschaftliches Experiment bekannt werden. Wir werden im Detail noch darauf zurückkommen. Gerade dieses Vorgehen, uns pragmatisch und rational der Welt zu nähern, mündete in dem bisher erfolgreichsten Welterklärungsmodell, den modernen Naturwissenschaften.

Was ist „Natur"?

Der griechische Philosoph Aristoteles (384-322 v. Chr.) unterteilte die Wirklichkeit in drei Sphären:

1. Die Natur (physis) als den außermenschlichen Bereich der Welt,

2. Die Technik (techne), die materielle Kultur des Menschen, und

3. Die nicht-materielle Kultur (nomos) des Menschen.

Diese Einteilung hat man bisher – nicht zuletzt auch aus methodischen Gründen – in den Wissenschaften beibehalten.

Der gleiche Philosoph Aristoteles entwickelte aber auch, auf Grundlage der euklidischen Geometrie, in einem genialen Wurf die Formale Logik. Eine grundlegende Struktur dieser Logik ist der Syllogismus. Dessen Grundform lautet:

> Die Eigenschaft A kommt allen B zu,
> B ist eine Eigenschaft von allen C,
> Also kommt die Eigenschaft A auch allen C zu.

Das klassische Beispiel für diesen Syllogismus heißt:

> Sterblichkeit (A) kommt allen Menschen zu,
> Mensch (B) –[sein] kommt allen Griechen (C) zu,
> also kommt Sterblichkeit (A) allen Griechen (C) zu.

Wenden wir diese Denkstruktur auf das Verhältnis von Mensch zu Natur und den Werken des Menschen an, kommen wir zu einem überraschenden Ergebnis. Wir wissen heute, daß der Mensch als das am höchsten entwickelte Säugetier ein Teil der Natur ist und sich am Ende einer langen Entwicklungskette im Laufe der Evolution parallel zu seinem nächsten Verwandten, dem Schimpansen, entwickelt hat. Wir können also sagen:

> Teil der Natur (A) zu sein, kommt allen Menschen (B) zu
> Werk des Menschen (B) zu sein, kommt allen seinen Werken (C) zu
> Teil der Natur (A) zu sein, kommt allen menschlichen Werken (C) zu.

Plakativ gesagt: Natur umfaßt das Weltall mit seinem gesamten Inhalt, also auch den Menschen mit allen seinen Werken. Der Philosoph Robert Spaemann kommt auf einem wesentlich komplizierteren Gedankenweg zu dem gleichen Schluß und formuliert eine Konsequenz daraus so:

..."Eine Müllhalde ist – so gesehen - nicht unnatürlicher als eine Bergquelle".[17]

Der Vergleich ist allerdings etwas unfair, denn es gibt bekanntermaßen edlere Produkte des Menschen, die sich eher mit einem Bergquell vergleichen lassen, als gerade eine Müllhalde.

Ein paar Worte zur Begriffsfestlegung sind noch angebracht. Während der Begriff „Naturwissenschaft" im Deutschen nach dem bisher Gesagten eindeutig erscheint, ist der entsprechende Name *„science"* im Angelsächsischen nicht so klar abgegrenzt. Neben unseren Naturwissenschaften fallen auch Fächer wie Soziologie, Psychologie oder Politologie unter den Oberbegriff *„science"*. Diese Wissenschaften, die sich dem menschlichen Verhalten widmen, betrachten wir nicht als Naturwissenschaften.

Was leistet die moderne Naturwissenschaft?

Grundsätzlich sind wir Menschen in unserer Erkenntnisfähigkeit durch die Unvollkommenheit unserer Sinnesorgane und durch die Begrenztheit unseres Gehirns eingeschränkt. Unser Geruchssinn ist verkümmert, akustisch können wir nur einen engen Bereich aus dem Spektrum der Schallwellen wahrnehmen. Das gleiche gilt für das „sichtbare" Licht, das nur einen winzigen Teil aus dem breiten Spektrum der elektromagnetischen Wellen darstellt. Aber der Mensch war findig und verschaffte sich Werkzeuge. Von den ersten Fernrohren, die Galilei und seine Zeitgenossen gen Himmel richteten, bis zu den modernen Teleskopen hat es eine enorme Entwicklung gegeben. Das Gleiche gilt für die Mikroskope, die uns heute erlauben, selbst einzelne Moleküle und Atome sichtbar zu machen. Die Messung akustischer und elektromagnetischer Wellen überlassen wir heute präzisen Meßinstrumenten, die auch in den Bereichen, die wir wahrnehmen können, empfindlicher und genauer messen als es unsere Sinnesorgane je könnten. Jede Art Signal aus unserer Umwelt, für die wir ein Meßgerät bauen können, läßt sich so genau und quantitativ erfassen. Selbst unsere Nase können wir heute durch einen Gaschromatographen ersetzen, der die „Blume" unseres Lieblingsweins mit einer Genauigkeit analysiert, die wir uns noch vor Jahrzehnten nicht hätten träumen lassen.

Um die uns umgebende Welt zu verstehen, müssen wir sie erst einmal in unserem Gehirn abbilden. Anders ausgedrückt: Jedes Bild, das wir uns von der Welt machen, muß zuallererst den Filter, den unser Gehirn darstellt, passieren. Unser Gehirn ist aber in seiner Funktion begrenzt durch den Umfang unserer Anschauung und durch die dort vorhandene „Rechenkapazität". Um einen Gedanken einem anderen Menschen gegenüber zu äußern, müssen wir ihn in einem allgemeinverständlichen Medium darstellen: In Worten oder in Bildern. Spätestens hier stoßen wir an Grenzen. Die Mathematik

---

[17] Spaemann (1994), 36.

brachte eine Erweiterung unserer Möglichkeiten zu denken und das Gedachte auszudrücken. Viele Erkenntnisse der modernen Physik lassen sich nur noch im Medium der Mathematik beschreiben. In unserer Vorstellung sind sie nicht mehr zu begreifen. Eine weitere Möglichkeit brachten uns die Computer. Mit modernen Hochleistungsrechnern können wir in Sekundenbruchteilen Berechnungen durchführen, für deren Bewältigung vor hundert Jahren ein Mathematikerleben nicht ausgereicht hätte. Die Computer erlauben es uns auch, Datenmengen zu handhaben, die wir wegen ihres Umfanges früher nicht einmal hätten überblicken können.

Während vor Jahrhunderten ein Wissenschaftler noch als Universalgelehrter das gesamte Wissen seiner Zeit verkörpern konnte, fällt es heute einem Forscher schwer, selbst sein eigenes enges Fachgebiet zu überblicken. Hier haben die Menschen bereits früh Abhilfe durch Speichermedien und Kommunikationswege geschaffen. Dadurch werden viele Einzelhirne miteinander vernetzt. Bibliotheken gibt es bereits seit dem Altertum. Dort wird das Wissen in Schriftform aufbewahrt. So kann der Forscher auf die Gehirne seiner Zeitgenossen und vor allem auch auf die seiner bereits verstorbenen Vordenker zurückgreifen. Wissenschaftliche Zeitschriften und persönliche Kontakte auf Kongressen ermöglichen heute den Informationstransfer zwischen Zeitgenossen. Die elektronischen Medien haben in den letzten Jahren den Zugriff auf Informationen revolutioniert. Ohne diese von unseren Gehirnen unabhängigen Informationsspeicher, die auch die Forscher über Generationen hinweg miteinander vernetzen, wäre ein echter Fortschritt in den Naturwissenschaften gar nicht möglich gewesen. Die Naturwissenschaften sind nämlich in ihrem Aufbau kumulativ. Jeder Forscher baut auf dem Wissen auf, das aufeinanderfolgende Generationen seiner Vorgänger Schritt für Schritt aufgeschichtet haben. Wenn er mit dem Studium beginnt, muß er dieses Wissen, das in gewissem Sinne auch die Geschichte seines Faches abbildet, systematisch lernen, bis hin zu den Details des engen Spezialfaches, auf dem er dann selbständig forschen will.

Das heißt auch, daß der angehende Naturwissenschaftler die Naturwissenschaft als Welterklärungsmodell erst nach vielen Jahren intensiven Studiums voll erfaßt. Da hat es der von einer Ideologie oder Religion Geprägte einfacher: Sein Weltbild ist oft in wenigen Stunden vermittelbar. Auch ist es – im Gegensatz zu dem der Naturwissenschaft – in sich geschlossen. Es kann von innen her nicht mehr in Frage gestellt werden.

Anders ist es bei den Naturwissenschaften. Hier gibt es kein festverankertes Weltbild. Alles ist im Fluß. Eine Theorie kann nur dann den Anspruch erheben, „naturwissenschaftlich" genannt zu werden, wenn sie grundsätzlich, d.h. aufgrund ihrer logischen Form, widerlegt werden kann, z.B. durch Beobachtungen, wissenschaftliche Experimente oder auch durch ein logisches Argument. Theorien, bei denen es von vornherein ausgeschlossen ist, daß sie auf diese Weise sozusagen von innen heraus in Frage gestellt werden, gehören nicht in den Bereich der Naturwissenschaften. Wissenschaftstheoretiker sprechen von der Falsifizierbarkeit einer Theorie.[18] Eine gültige Theorie in einem Teilgebiet der Naturwissenschaften muß noch einem weiteren Kriterium gehorchen. Sie darf nicht gesicherten Fakten in einem anderen Teilgebiet widersprechen. Wir überziehen in den Naturwissenschaften nämlich die Realität mit einem systematischen Begriffsnetz[19], dessen Teile voneinander abhängen und zueinander passen müssen. Ist dies nicht der Fall, muß irgendwo im Gesamtsystem ein Fehler verborgen sein.

Die Naturwissenschaften unterscheiden zwischen:

a. **Erfahrungstatsachen** des täglichen Lebens, die wir mit Hilfe unserer Sinnesorgane erkennen. Z.B. gehört dazu, daß Wasser flüssig ist, daß Eis oben schwimmt, daß eine Glasflasche zerbrechlich ist, oder daß trockenes Holz brennt.

b. **Experimentell gesicherte Tatsachen.** Das sind Tatbestände, die sich uns über indirekte Verfahren, z.B. über unsere Meßgeräte erschließen. Dazu gehört z.B. die Erkenntnis, daß ein Heliumatom in seinem Atomkern zwei positive Ladungen trägt und daß zwei negativ geladene Elektronen diesen Kern umkreisen. Dazu gehört auch der Aufbau unseres Sonnensystems.[20]

c. **Tatsachen, die täglich durch ihre technische Anwendung bewiesen werden.** Hierher gehören z.B. die Gesetze der Thermodynamik, die vielmillionenfach durch laufende Automobile demonstriert werden.

d. **Naturgesetze.** Das sind meist gesetzmäßige Zusammenhänge zwischen meßbaren Größen, die sich dann in mathematischen Gleichungen formulieren lassen. Dazu gehört z.B. daß die Kraft die aufgewendet wird, um einen Körper zu beschleunigen, aus dem Produkt von Masse und Beschleunigung gebildet wird. Oder, daß beim freien Fall die Geschwindigkeit mit dem Quadrat des zurückgelegten Weges zunimmt.

e. **Theorien und Modelle.** Diese beschreiben oft größere Zusammenhänge, in denen sich mehrere Naturgesetze wiederfinden.

f. **Hypothesen.** Das sind Annahmen, auf deren Grundlage der Forscher sich ein Experiment ausdenken kann, um zu überprüfen, ob diese Hypothese stimmt oder nicht. Viele derartige Hypothesen, die sich der Forscher beim Spazierengehen oder unter der Dusche ausdenkt, halten einer Überprüfung im Labor nicht stand.

---

[18] Popper (1982), 15 ff.

[19] Quine (1974, [1964]), 18, nennt das „conceptual structure".

[20] Der Unterschied zwischen experimentell gesicherten Tatsachen und Theorien scheint nicht allen Autoren bewußt zu sein. Jedenfalls gewinnt man diesen Eindruck, wenn man z.B. eine Besprechung der Neuauflage von Thomas S. Kuhns Buch „The Structure of Scientific Revolutions" aufmerksam liest: D. Lehoux und J. Foster (2012), Science **338**, 885-856.

Ein wichtiger Begriff in den Naturwissenschaften ist der der Kausalität. In der klassischen Physik Isaak Newtons dachte man noch streng kausal. Hatte man alle Ausgangsdaten eines bewegten Körpers voll erfaßt, so glaubte man, zu beliebigen Zeiten seine Position in Raum und Zeit vorhersagen zu können. Das hat sich in der modernen Physik, vor allem der Physik der Atome und Elementarteilchen grundlegend geändert. Es gilt allerdings immer noch, daß man jedem beobachteten Ereignis auch eine in der Vergangenheit liegende Ursache zuordnen kann. Eine Voraussage in die Zukunft ist jedoch nicht immer möglich. Hat ein radioaktives Isotop z.B. eine bestimmte Halbwertszeit, so kann man sicher aussagen, daß nach Ablauf dieser Zeitspanne ganz genau die Hälfte der zu Beginn noch vorhandenen Atome zerfallen sein werden. Man kann aber bei keinem einzelnen Atom vorhersagen, zu welchem Zeitpunkt es zerfallen wird. Der beschriebene Vorgang wird von Wahrscheinlichkeit beherrscht. D.h. es besteht eine 50-prozentige Wahrscheinlichkeit, daß ein Atom in der Zeitspanne, die durch die Halbwertszeit bestimmt wird, zerfällt. Mehr kann man darüber nicht aussagen.

Die Physik versucht, eine Wirklichkeit zu erklären, die von den Grenzen unseres Universums bis hin zu den winzigen Dimensionen der Bausteine der Atome reicht. Es ist daher nicht verwunderlich, daß viele Theorien und Modelle nicht diesen gesamten Bereich abdecken, der sich allein auf der Längenskala von 10^{27} bis 10^{-33} Meter erstreckt, also über einen Bereich von 60 Zehnerpotenzen. Während wir bezüglich des Weltalls allein auf Beobachtungen angewiesen sind, können wir im Bereich des Kleinen im Labor experimentieren. Unsere diesbezüglichen Theorien stehen daher oft auf einer solideren Grundlage. Gerade im Bereich der Atome und ihrer Bausteine sind wir aber auf Gesetzmäßigkeiten gestoßen und haben Modelle entwickelt, die von der klassischen Physik her noch nicht vorstellbar waren. Stichworte: Quantenmechanik, Wellenmechanik, Quantenelektrodynamik. Eines der frühen Atommodelle, das sogenannte Bohr'sche Atommodell widersprach einigen fundamentalen Gesetzmäßigkeiten der klassischen Physik. Trotzdem erlaubte es, die Atomspektren des Wasserstoffs quantitativ zu erklären. Auch brachte es einen Durchbruch beim Verständnis der chemischen Eigenschaften der Atome. Es erlaubte uns sogar, in Kombination mit Einsteins Relativitätstheorie, die exotischen Eigenschaften einiger Schwermetalle als sogenannte „relativistische Effekte" zu erklären. Dazu gehört z.B. auch die Beobachtung, daß Gold sich unter bestimmten Bedingungen wie ein Nichtmetall verhält und negativ geladene Ionen bildet.

Im makroskopischen Bereich lieferte die Allgemeine Relativitätstheorie Albert Einsteins die Schlußfolgerung, daß Raum und Zeit nicht voneinander zu trennen sind und daß massereiche Körper den sie umgebenden Raum (exakter: Die Raumzeit) verformen. Wir nähern uns damit wieder dem Philosophen Aristoteles: Raum ist zwar nicht mehr nur definiert als „mit etwas darin", wie der aristotelische *topos*, aber Raum wird durch das, was in ihm ist, verändert. Dieses Resultat der Allgemeinen Relativitätstheorie gehört bereits zu den durch ihre alltägliche Anwendung bewiesenen Tatsachen, denn es wird tagtäglich durch das GPS-Navigationssystem, das wir heute in unserem Auto benutzen, millionenfach bestätigt. Das GPS basiert auf dem mathematischen Modell der Allgemeinen Relativitätstheorie. Damit gehört zumindest dieser Teil der Theorie Einsteins in den Bereich der experimentell gesicherten Tatsachen.

Viele Vorstellungen, die Physiker rein aus mathematischen Modellen ableiten, gehören jedoch in das Reich der Spekulationen und überschreiten eindeutig die Grenzen der Naturwissenschaft. Dazu gehören z.b. Überlegungen, daß sich unser Universum durch einen Quantensprung aus dem Vakuum gebildet habe oder daß es neben unserem Universum parallele Universen gäbe. Auch die Mathematik ist nicht unfehlbar, so exakt sie uns auch erscheint. So löste der Mathematiker Kurt Gödel 1931 unter seinen Fachkollegen einen Schock aus, als er mit dem nach ihm benannten „Gödelschen Unvollständigkeitstheorem" bewies, daß selbst die Mathematik grundsätzlich kein logisch geschlossenes System darstellt.[21]

Zum Abschluß seien noch ein paar Worte zur Wissenschaftsphilosophie gesagt. Bereits der Physiker und Philosoph Carl Friedrich von Weizsäcker wies – zu Recht – darauf hin, daß viele Wissenschaftstheoretiker sich mit der Form aber nicht mit dem Inhalt wissenschaftlicher Theorien befassen und daß sie die Wissenschaften nur in der Rückschau des Historikers analysieren.[22] Das ist auch im Grund viel einfacher als eine inhaltliche Auseinandersetzung. Philosophische Fragen mit inhaltlicher Relevanz wären z.B. „Was ist Masse?" oder „Was ist Zeit?". Um diese Fragen zu beantworten, muß man aber erst einmal Theoretische Physik studieren. Und das ist langwierig und nicht gerade einfach. Manche Theorien, die über naturwissenschaftliche Methoden entwickelt wurden, erwecken den Eindruck, daß der Autor über keine Kenntnisse in den Naturwissenschaften verfügte. Die Herausgeber einer vor einigen Jahren in den USA erschienenen Anthologie zur Wissenschaftsphilosophie, die für Unterrichtszwecke bestimmt war, weisen in der Einführung ausdrücklich darauf hin, daß ihr Werk auch für den Unterricht von Studenten geeignet sei, die über keinerlei naturwissenschaftliche Kenntnisse verfügen.[23] Kein Wunder, daß manche Denker dann Thesen veröffentlichen wie die, daß die Naturwissenschaften ein rein kulturelles Konstrukt seien mit keinem Bezug zur Realität, oder die Naturwissenschaften als Welterklärungsmodell auf eine Stufe stellen mit Voodoo-Kult oder Hexenglauben.[24]

---

[21] s. z.B. Smith (2007).
[22] v. Weizsäcker (2002), 622 ff.; ders. (1992), 322 ff, insbes. 326.
[23] Curd u. Cover (1998), XVIII.
[24] Feyerabend (1993), 34 ff u. 214 ff.

Ein Blick in die Zukunft.

Der Versuch, in die Zukunft zu schauen ist immer recht fragwürdig. In welche Richtung Naturwissenschaft und Technik sich weiter entwickeln werden, können wir nicht sagen, auch nicht wohin sie sich in der allernächsten Zukunft hinbewegen werden. Wir wollen uns hier darauf beschränken, die Gefahren aufzuzeigen, denen sich die Naturwissenschaften als Welterklärungsmodell in der Gegenwart und in der nahen Zukunft ausgesetzt sehen.

KOMPLEXITÄT

Wie wir bereits sahen, ist das Welterklärungsmodell der Naturwissenschaften in höchstem Maße kompliziert und nur in einem langwierigen und mühevollen Prozeß zu erlernen. Das gilt besonders, wenn man auf sicherer Grundlage in die Grenzbereiche zur Naturphilosophie vorstoßen will, z.B. in den Fachgebieten Kosmologie, Molekularbiologie oder Evolutionsbiologie. Das kann nur dem Spezialisten vorbehalten bleiben. Der Normalbürger kommt mit wesentlich einfacheren Welterklärungsmodellen erfolgreich durchs Leben. Besonders gilt das für religiöse Anschauungen, die mit einer hochstehenden Ethik verbunden sind. Gefährlich werden einfache und zudem noch falsche Modelle, wenn sie als Modeströmungen weite Teile der Gesellschaft erfassen und womöglich zur Grundlage strategischer oder politischer Entscheidungen werden. So war es z.B. im Wien zu Beginn des 20. Jh. verbreitet, ganz bewußt nicht-religiöse, einfache und pseudowissenschaftliche Welterklärungsmodelle parallel zu denen der Fachgelehrten zu entwickeln. So schrieb damals z.B. der mit einer Tochter Richard Wagners verheiratete Brite Houston Stewart Chamberlain: *„Ist es nicht möglich, daß eine umfassende Ungelehrtheit einem großen Komplex von Erscheinungen eher gerecht wird als eine von Gelehrsamkeit, welche durch intensiv und lebenslänglich betriebenes Fachstudium dem Denken bestimmte Furchen eingegraben hat ?"*[25] Aus derartiger *„umfassender Ungelehrtheit"* schöpfte z.B. Adolf Hitler wesentliche Anteile seiner „Weltanschauung".[26] Die schrecklichen Folgen sind bekannt.

RELIGIÖSER FUNDAMENTALISMUS

Um Mißverständnisse zu vermeiden, halten wir uns an die von Heinrich Wilhelm Schäfer gegebene Definition. Schäfer nennt solche Bewegungen fundamentalistisch, *„die (1) religiöse Überzeugungen (irgend welche Glaubensinhalte) absolut setzen und (2) daraus eine gesellschaftliche Dominanzstrategie ableiten, die das private und öffentliche Leben dem Diktat ihrer religiösen Überzeugungen zu unterwerfen sucht."*[27] Menschen, die zwar eine festverankerte religiöse Überzeugung haben, ihre Mitmenschen jedoch in Ruhe lassen und *„freundlich grüßen"*, bezeichnet er nicht als funda-

---

[25] Zitiert nach Hamann (2010), 334.
[26] Hamann (2010), 285 ff.
[27] Schäfer (2008), 18 f.

mentalistisch. Fundamentalismus findet man vor allem in Religionen, bei denen sogenannte „Heilige Schriften" den Vorrang genießen gegenüber einer pragmatischen An-
näherung an die Wirklichkeit. Vor allem trifft dies auf die Offenbarungsreligionen zu,
und hier in erster Linie auf Christentum und Islam. Der Dalai-Lama, der eine Richtung
des tibetischen Buddhismus vertritt, die sich auch auf „Heilige Schriften" gründet, ist
hier offener. Als er 2004 in einem Gespräch von einem Neurobiologen gefragt wurde,
welche Konsequenzen es hätte, wenn Ergebnisse der Hirnforschung der buddhistischen Lehre widersprächen, erwiderte er, daß dann die Lehre den neuen Erkenntnissen
angepaßt werden müsse.[28]

Unter den religiösen Fundamentalisten treten auf christlicher Seite vor allem Mitglieder evangelikaler Sekten in den USA hervor, deren Denken inzwischen auch manchen
europäischen Politiker infiziert hat. Beim Islam ist das Problem noch tiefgreifender, da
jeder gläubige Sunnit – und das sind 80 % der Muslime – nach der Definition Schäfers
fundamentalistisch ist. So veröffentlichte im August 2008 der saudiarabische Religi-
onsgelehrte al-Fauzan eine Fatwa (ein Religionsgutachten von rechtlicher Bedeutung),
in welcher er klarstellte, daß die Sonne sich täglich einmal um die Erde bewege, daß
also das spätantike Weltbild des Ptolemaios gelte. Damit verwarf er die gesamte moderne Kosmologie. Er begründete seine Fatwa damit, daß es so im Koran stünde. Der
sei eine heilige Schrift und daher seien seine Aussagen wahr. Die Worte der Wissenschaftler hingegen seien nicht heilig und daher auch nicht wahr.[29] Der in den USA le-
bende und wirkende persische Wissenschaftshistoriker, Seyyed Hossein Nasr, entwarf
die Utopie einer sakralen Naturwissenschaft, in welcher der religiös-metaphysische
Bezug (natürlich zum Islam) wieder hergestellt werden sollte, ohne allerdings zu erklären, wie er sich das genau vorstellt.[30] Gegen die Evolutionslehre führt er z.B. an, daß
„die bemerkenswerte Einmütigkeit heiliger Texte der verschiedenen Völker und Gegenden" dieser Anschauung widerspräche.[31] Die Quelle dieser hier zitierten Gedan-
kengänge liegt in einem falschen Verständnis des Korans. Nach islamischer Tradition,
die von den islamischen Reformern des 19. Jh. noch bestätigt wurde, ist Wissen (arab.
ilm) ausschließlich religiöses Wissen. Der Anspruch, daß derartiges Wissen nicht rational hinterfragt werden darf, ist vom Standpunkt des religiösen Glaubens nachvoll-
ziehbar. Der Islam erhebt aber (im Gegensatz zum Christentum) den Anspruch, für alle
Bereiche des menschlichen Lebens zuständig zu sein. Damit wird automatisch jedes
Wissen zu religiösem Wissen. So werden auch die modernen Naturwissenschaften
konsequenterweise mit dem Begriff „Ilm" belegt. In völliger Verkennung der erkennt-

---

[28] Es ging damals um ein von Seiten des Dalai-Lama unterstütztes Projekt, das versuchte, den Einfluß von Medi-
tation auf das Gehirn tibetischer Mönche mit wissenschaftlichen Methoden zu verfolgen. Nature 432, 670 (2004).
[29] s. z.B. Wulff (2010), 8 u. 199.
[30] Nasr (1990), 179.
[31] Nasr (1990), 313.

nistheoretischen Besonderheiten der Naturwissenschaft werden damit die Grenzen zum Religiösen verwischt.[32]

Der christliche Fundamentalismus – vor allem in den USA – betrachtet die biblische Schöpfungsgeschichte als eine wörtlich zu nehmende Beschreibung real stattgefundener Vorgänge. Das ist für seine Anhänger eine unverrückbare Wahrheit, die nicht rational hinterfragt werden darf. In den USA sind hier zwei Strömungen zu nennen, die der *Kreationisten*, die strikt der Bibel folgen und die des *Intelligent Design*, deren Protagonisten zwar die Evolution nicht generell in Frage stellt, sondern nur in ihrer Form als selbstgesteuertes Naturgeschehen. Die Anhänger des *Intelligent Design* glauben vielmehr, Gott habe im Laufe der Evolution immer wieder regulierend in das Geschehen eingegriffen. Seit Beginn des 20. Jh. versuchen einzelne Bundesstaaten der USA durch Gesetze die naturwissenschaftliche Lehre an Schulen und Universitäten zugunsten religiös-fundamentalistischer Anschauungen zu beschränken. Heute wird bereits in 40 Bundesstaaten die religiöse Sicht – zumindest als diskutierbare Alternative zur naturwissenschaftlichen Theorie – gelehrt. In z.Tl spektakulären Prozessen mit großem Medien-Interesse (der letzte fand 2005 in Dover, Pennsylvania, statt) siegte aber bisher immer das naturwissenschaftliche Denken.[33]

Trotzdem ist die Kontroverse nicht ausgestanden. Die Befürworter von *Kreationismus* und *Intelligent Design* sind gut organisiert. Sie betreiben Forschungsinstitute, an denen studierte Naturwissenschaftler tätig sind, um ihre Ideologie mit pseudowissenschaftlichen Argumenten zu stützen.[34] Gezielt arbeiten sie auch daran, unter dem Deckmantel einer „Akademischen Freiheit" und der Erziehung der Schüler „zu selbständigem Denken" in verschiedenen Bundesstaaten Gesetzesvorlagen einzubringen, um zur Evolutionslehre alternative Vorstellungen im Biologie-Unterricht an Schulen einzuführen. Die entsprechenden Gesetzesvorlagen erhalten willfährige Politiker gleich vom *Intelligent Design* eigenen Institut in Seattle als vorgefertigte Texte.[35]

In einigen europäischen Staaten haben in den vergangenen Jahren immer wieder Bildungspolitiker versucht, gegen die Evolutionslehre vorzugehen. Eine Untersuchung in Deutschland ergab, daß ca. 20 % der Bevölkerung Anhänger des Kreationismus sind. Ganz offensichtlich sind aber nicht religiöse Bindungen die Ursache, sondern einfach der Mangel an naturwissenschaftlicher Allgemeinbildung.[36]

Auch in islamischen Ländern ist der Kreationismus weit verbreitet. Hauptbefürworter ist hier der Türke Adnan Oktur, der unter dem Pseudonym Harun Yahya publiziert.

---

[32] Für eine ausführlichere Darstellung der Probleme s. Wulff (2010).
[33] Details s. z.B. Wulff (2006), 354 ff.
[34] Beispiele sind das „Institute for Creation Research" in San Diego mit einer eigenen „wissenschaftlichen" Zeitschrift, dem „International Journal for Creation Research" [Science 316, 961 (2007)] und dem „Discovery Institute" in Seattle [Science 332, 295 (2011)].
[35] J. Mervis (2011), Science 332, 295.
[36] Andrew Curry (2009), Science 323, 1159.

Seine Schriften sind auch in Europa und den USA sehr populär.[37] In der Türkei wurde 2011 ein Lehrer von seiner Schulbehörde abgemahnt, weil er Fünftklässlern Darwins Evolutionslehre nahe gebracht hatte.[38]

Mit den hier aufgeführten Beispielen soll die Lage nur grob skizziert werden. Die Gefahr, die religiöse Fundamentalisten für das rationale naturwissenschaftliche Weltbild darstellen, sollte nicht unterschätzt werden. Die religiöse Welterklärung hat nämlich den immensen Vorteil, daß sie einfacher zu verstehen ist und zudem dem Menschen, der in ihre Ideologie eingebettet ist, einen sicheren Halt geben kann, denn sie beantwortet gleichzeitig auch die Sinn-Frage. Das gelingt der Naturwissenschaft nicht. Alles, was sie aussagt, ist immer nur vorläufig und kann jederzeit durch neue Fakten widerlegt werden. Ihr einziger Halt ist der Glaube, daß sich die Welt rational erklären läßt.

FINANZIERBARKEIT

Im Jahre 2008 wurde bei der Europäischen Organisation für Kernforschung in Genf[39] der „Large Hadron Collider" (LHC) in Betrieb genommen, mit dem man auch einem bisher hypothetischen Materiebaustein, dem Higgs Boson, auf die Spur kommen wollte. Die Investitionen für dieses „Experiment" werden auf neun Milliarden US-Dollar geschätzt, die laufenden Kosten liegen bei einer Milliarde US-Dollar jährlich.[40] In den Experimenten wurden Protonen in einem unterirdischen Tunnelsystem aus einer linearen Strecke und drei kleineren Ringtunnelsystemen von 157 m, 628 m und 7 km vorbeschleunigt, um dann im Haupt-Ringtunnel von 27 km Länge in zwei einander gegenläufigen Strahlen auf 99,9999991 Prozent der Lichtgeschwindigkeit beschleunigt zu werden. Dann wurden sie aufeinander prallen gelassen. In den dabei entstehenden Trümmern hoffte man dann die hypothetischen Higgs Bosonen zu finden.[41] Die Beschleunigung im Haupttunnel geschieht mit Hilfe von 1232 gigantischen Magneten, von denen jeder 30 Tonnen wiegt und die von 97 Tonnen flüssigem Helium auf ca. 271 Grad unter Null gekühlt werden, usw. usw. Die Liste der Superlative läßt sich noch weiter führen. Die Versuche waren erfolgreich und führten zum Ziel: Das Higgs-Boson wurde tatsächlich gefunden, eine Entdeckung von fundamentaler Bedeutung für verschiedene Bereiche der modernen Physik.[42] Schließlich wurden die Theoretiker, die das Higgs-Boson 1964 postuliert hatten – der Schotte Peter Higgs und der Franzose François Englert – 2013 mit dem Nobelpreis für Physik geehrt. Die Experimentatoren, denen der Nachweis gelang, und die Institution CERN gingen leer aus. Ein Grund dafür mag gewesen sein, daß an diesem Experiment zwei Teams mit je ca. 3000 Wissen-

---

[37] Salman Hameed (2008), Science 322, 1637 f.
[38] www.focus.de/schule/schule/unterricht/religion/tuerkei-vorwurf-der-islamisierung-anschulen_aid_593529.html
[39] CERN = Conseil Européen pour la Recherche Nucléaire.
[40] Randall (2011), 130, 146.
[41] Randall (2011), 132 ff.
[42] M. Della Negra et al. (2012), Science 338, 1560-1568; The CMS Collaboration (2012), Science 338, 1569-1575; The ATLAS Collaboration (2012), Science 338, 1576-1582. Randall (2012).

schaftlern und Technikern beteiligt waren, so daß der Beitrag des Einzelnen nicht mehr faßbar wird.[43]

Wenn Gesellschaft und Politik sich nicht mehr Vorteile erwarten würden von solch einem Experiment als die Befriedigung der Neugier einiger naturphilosophischer Denker, wäre wohl niemand geneigt, einen derartigen Aufwand zu finanzieren. Zum Glück für die Wissenschaftler hat es sich aber gezeigt, daß seit ca. 120 Jahren die gesamte technische Entwicklung, gleichbedeutend mit Angewandter Wissenschaft, vollständig von den Ergebnissen zweckfrei betriebener Grundlagenforschung abhängt. Ohne grundlegende Forschungsergebnisse auf dem Gebiet der Festkörperphysik gäbe es z.B. weder Unterhaltungselektronik noch die letzten Errungenschaften der IT-Branche. Ohne zweckfreie Grundlagenforschung im Bereich der Biowissenschaften gäbe es keine modernen Arzneimittel und keinen Fortschritt in der Medizin. Trotzdem kostet die Entwicklung eines neuen Arzneimittels für chronische Anwendung die Pharmaindustrie heute immer noch etwas mehr als eine Milliarde Dollar.

Die Richtung ist aber auf jeden Fall klar vorgezeichnet: Jeder wissenschaftliche Fortschritt wird immer teurer. Irgend wann ist dann einmal die Grenze erreicht, ab der auch die wohlhabendste Gesellschaft diese Summen nicht mehr aufbringen kann. Der Fortschritt der Naturwissenschaften stößt - rein finanziell gesehen – in absehbarer Zeit an seine Grenzen. Wenn Staaten in finanzielle Schwierigkeiten geraten, kann dieser Prozeß sehr rasch verlaufen, so daß ihre Forschungskapazitäten schnell verkümmern.

INTELLEKTUELLE GRENZEN

Die Auffächerung der einzelnen Forschungsgebiete in immer engere Spezialgebiete führt schon jetzt dazu, daß nur noch wenige Wissenschaftler ein größeres Gebiet ihres ureigensten Faches voll überblicken. Man versteht oft nicht einmal den Fachjargon des Kollegen, vor allem nicht die vielfältigen Abkürzungen. Noch schwieriger wird es für den gebildeten Laien, den wissenschaftlichen Fortschritt zu verstehen und zu verfolgen. Der Vergleich mit dem Turmbau zu Babel liegt nahe.

Ein weiteres Problem liegt darin, daß der wissenschaftliche Fortschritt *per se* von vielen Intellektuellen außerhalb (und auch innerhalb!) des Wissenschaftsbetriebs in Frage gestellt wird. Seit dem Einsatz der ersten Kernwaffen durch die USA gegen Ende des 2. Weltkrieges ist die Janusköpfigkeit des wissenschaftlichen Fortschritts klar hervorgetreten. Auch in den Biowissenschaften steigt das Gespenst einer genetischen Manipulierbarkeit lebender Organismen bis hin zum Menschen auf. Die dort von verschiedenen Seiten geschürten Ängste haben allerdings ihre Quelle oft in einem mangelnden Verständnis der wissenschaftlichen Tatsachen. Immer wieder treten auch Autoren mit der These hervor, es gäbe gar keinen Fortschritt. Dieser sei vielmehr eine Illusion, die

---

[43] Adriaan Cho (2012), *Who invented the Higgs Boson?*, Science 337, 1286-1289, hier: 1289.

unser Gehirn uns vorgaukle.[44] Allerdings hält eine derartige Behauptung einer objektiven und rationalen Analyse nicht stand. Trotzdem neigen nicht wenige Intellektuelle, deren Denken von keiner Kenntnis der Naturwissenschaft getrübt ist, dazu derartige Thesen zu glauben.

FAZIT

Wie sich die Naturwissenschaften und naturwissenschaftliches Denken weiterentwickeln werden, ist offen. Die Entwicklung kann die Richtung einschlagen, die uns manche Science Fiction Filme vorgaukeln. Es könnten aber auch geistige Strömungen die Oberhand gewinnen, die das rationale und naturwissenschaftliche Denken zurückdrängen. Es ist sogar vorstellbar, daß in vielleicht tausend Jahren – falls es dann noch Archäologen geben sollte – diese fassungslos von den ausgegrabenen Trümmern der Großforschungsanlagen von CERN in Genf stehen und dort vielleicht die Überreste eines religiösen Kultzentrums vermuten.

---

[44] S. z.B. den Artikel von Eckart Voland (2007), *Die Fortschrittsillusion*, Spektrum der Wissenschaft, April 2007, S. 108 ff.

Wie viel Information steckt in einem Termitenstaat?

Information ist nur, was verstanden wird.
C. F. von Weizsäcker

Simply stated, the complexity of a system is the amount of information necessary to describe it.
Yaneer Bar-Yam

Staatenbildende Insekten und ihre gesellschaftlichen Strukturen haben die Biologen, und nicht nur sie, seit jeher fasziniert. Wiederholt wurden Analogien aufgezeigt zwischen einem Insektenstaat und einer menschlichen Gesellschaft. Aus solchen Betrachtungen ergeben sich interessante Verknüpfungen, die in diesem Artikel kurz angeschnitten werden.

Von besonderem Interesse sind die höheren Termiten, deren Kolonien mehrere Millionen Individuen umfassen und deren majestätisch wirkende Bauten von mehreren Metern Höhe das Landschaftsbild im südlichen Afrika und in der australischen Steppe prägen. Jede Art entwickelt dabei ihre eigene charakteristische Form. Entweder gleicht der Bau einem Turm, einem riesigen Pilz oder einer Pyramide. Bei anderen Arten erinnert er an ein verwunschenes Schloß.[45] Manchmal ist er aber nur ein runder Hügel von gewaltigem Ausmaß. Die Bauten einer australischen Art ähneln auch großen senkrecht stehenden Brettern, die dazu noch exakt in Nord-Süd-Richtung ausgerichtet sind.[46] Diese Bauten, 3 m lang und 4 m hoch, treten an manchen Standorten zu hunderten auf, so daß die von ihnen besiedelte Ebene, einem gigantischen Friedhof ähnelt.[47]

Beim Hochzeitsflug der Termiten schwärmen geflügelte Insekten zu Zehntausenden aus dem Bau aus. Es sind dies die geschlechtsreifen Alaten, die nach der Landung irgendwo am Erdboden ihre Flügel verlieren und nach der Paarung zum Ausgangspunkt für einen neuen Termitenstaat werden. (Wir werden noch im Detail auf diese Vorgänge zurückkommen). Dieser Staat entwickelt sich im Laufe von Monaten und Jahren – z.B. im Falle der höheren Termiten des Genus Macrotermes – zu einer Population von mehreren Millionen Individuen, die zu Kasten mit unterschiedlicher Morphologie und getrennten Aufgaben ausdifferenziert sind. Alle wohnen in einem imposanten Bau von bis zu 6 m Höhe und 30 m Durchmesser sowie einem weitläufigen unterirdischen Teil mit Zugängen zum Grundwasser, die bis in 30 m Tiefe reichen können. Dieser Bau ist bei den Termiten, bei denen er eine kuppelartige Form hat, mit einer betonharten bis

---

[45] z B. bei Macrotermes bellicosus
[46] Bei Amitermes meridionalis. Andere, verwandte Arten (A. vitiosus und A. laurensis) errichten die brettartigen Bauten nur auf feuchtem Untergrund. Auf trockenem Boden bauen sie runde Bauten. F. J. Gay u. J. H. Calaby, Termites of the Australian Region, in: Krishna u. Weesner (1970), Bd. I, 393-448; hier: 423 ff.
[47] Judith Korb, Termite Mound Architecture, from Function to Construction, in: Bignell et al. (2011), 349-373; hier: 361.

zu 60 cm dicken Außenschicht versehen, und dadurch so stabil, daß er auch das Gewicht eines Elefanten tragen kann. Ihren Bau haben die Insekten im Laufe ihrer „Staatsentwicklung" selber errichtet. Seine Form, Größe und Funktion sind, wie bereits gesagt, speziesspezifisch, werden jedoch in den Details auch von Umweltfaktoren beeinflußt, wie Temperatur, Feuchtigkeit und Wind.

Bei höheren Termiten verfügt der Bau über ein ausgeklügeltes Belüftungssystem mit Klimaanlage. Im Innern betreiben die Termiten Gartenbau mit einer Pilzkultur, um pflanzliche Stoffe, wie Lignin, die sie selbst nicht verdauen können, in verwertbares Pilzmyzel umzuwandeln.

Kein einziges Insekt in diesem Termitenstaat durch- oder überschaut den Bau. Es gibt auch keinen Bauplan. Und doch entsteht innerhalb einer bestimmten Insektenspezies immer wieder ein Gebäude der gleichen Art. Dabei sind allerdings die verschiedenen Bauten innerhalb einer Spezies im Detail nie exakt gleich. Sie gleichen einander nur, wie zwei Individuen ein und derselben Baum-Art.

Dem Naturwissenschaftler stellen sich hier vor allem drei Fragen:

1. Der Termitenstaat (Bau + Anzahl und Unterschiedlichkeit der Bewohner + Funktion) ist komplexer und enthält mehr Information als das Ausgangssystem aus dem Alatenpaar, mit dem die Entwicklung begann.

   Woher kommt dieser Informations-Zuwachs ?

2. Der Bauplan zu diesem Termitenstaat kann unmöglich im Detail im Genom der beiden Alaten niedergeschrieben sein.

   Wieso ist der Bau dann Spezies-spezifisch ?

   Innerhalb einer Spezies kann der Bau abhängig vom Mikroklima seines Standortes von der Norm abweichen.

   Welchem Mechanismus gehorcht diese Variabilität?

3. Kein einzelnes Individuum in diesem Termitenstaat ist in der Lage, seinen Bau und dessen Funktion zu überblicken, geschweige denn bewußt zentral zu steuern.

   Warum funktioniert die Ordnung des Termitenstaates dennoch?

Was ist Information?

Wie wir noch sehen werden, können wir diese Fragen nur in ihrer Gesamtheit beant-worten. Zuerst wollen wir uns aber der trivial klingenden, jedoch alles andere als ein-fachen Frage widmen: Was ist überhaupt Information?

Im allgemeinen Sprachgebrauch bezeichnen wir mit Information eine Mitteilung, eine Nachricht oder eine Anweisung zum Handeln, die wir einem Mitmenschen übermitteln. Wir sagen dann auch: „Ich habe ihn über dies oder jenes informiert". Geben wir diese Information schriftlich, so ist sie in der Zeichenfolge der Buchstaben unseres Alpha-bets niedergelegt. Dabei ordnen wir durch eine willkürliche Festlegung, die sich histo-risch entwickelt hat, den Lauten unserer Umgangssprache jeweils eine bestimmte Buchstabenfolge zu. Die Bedeutung eines Lautes und damit auch die der ihn repräsen-tierenden Buchstabenfolge kann von Sprache zu Sprache wechseln. So bedeutet die Buchstabenfolge GIFT im Deutschen und im Englischen jeweils etwas völlig ande-res.[48] Wollen wir von einer Sprache in eine andere wechseln, so benötigen wir ein Ver-fahren (einen Algorithmus), das uns die Übersetzung erlaubt. Man nennt so etwas auch einen Code, mit dessen Hilfe wir eine Nachricht von der einen in die andere Sprache übertragen können. Bei Sprachen, deren Schrift nicht auf der lautlichen Wiedergabe der Worte basiert sondern ihren Sinn wiedergibt, wie bei einigen ostasiatischen Spra-chen, stellt sich dieses Problem nicht. Wir wollen dies an einem chinesischen Eigen-namen erläutern: Der Name 中山 bedeutet im Deutschen soviel wie „Mittelberg"[49]. Er wird im Hochchinesischen „Zhongshan" ausgesprochen. Im Japanischen hat er die gleiche Bedeutung wie im Chinesischen und ist auch dort ein gebräuchlicher Famili-enname, wird aber „Nakayama" gesprochen. Ein Chinese namens Zhongshan kann nach Japan auswandern, ohne seine Visitenkarten zu ändern: Er nennt sich einfach Nakayama.[50]

In der modernen Informationstechnologie ordnet man jedem Zeichen eines beliebigen Alphabets eine Folge aus den Zeichen „1" und „0" zu, z.B. „10010111". Man erhält so eine Sprache aus nur zwei Buchstaben, eine Binärsprache[51]. Die Anzahl dieser Zei-chen (alle „1" plus alle „0") zählt man in der Einheit „bit". Das soeben genannte Bei-spiel „10010111" repräsentiert also die Datenmenge von 8 bit.

Allgemein gilt für alle Sprachen: Hat man ein Alphabet aus X verschiedenen Zeichen, so kann man

$$Z = X^n$$

---

[48] weitere Beispiele finden sich bei Yockey (2005), 6.
[49] wörtlich: „Berg der Mitte".
[50] Das tat der Revolutionär Sun Yatsen, der im Hochchinesischen Zhongshan hieß, als er im Jahre 1913 nach Japan emigrierte.
[51] Fälschlicherweise oft als „Binärcode" bezeichnet. Als Code bezeichnen wir hier einen Algorithmus, der es erlaubt einen Text von einer Sprache in den einer anderen Sprache zu übersetzen.

verschiedene Wörter bilden, die jeweils die Länge von n Buchstaben haben. Für eine Binärsprache bedeutet das

$$Z = 2^n$$

Die Größe n hat hier die Einheit „bit".

Um die Binärsprache einer anderen Sprache eindeutig zuordnen zu können, muß man einen Code schaffen für die Übersetzung. Anfangs benötigte man nur einen Code für die Zeichen, die für die Übertragung einer Nachricht in der englischen Sprache erforderlich sind. Man schuf dazu den ASCII-Code[52], der aus 128 ($Z = 2^7$) „Wörtern" der Länge 7 bit aufgebaut ist. Diese Einheiten von 7 bit der Binärsprache nannte man byte. Inzwischen wurde der Code auf 256 Zeichen der Länge 8 bit erweitert. Man nennt nun die Einheit von 8 bit ein byte.[53]

Die Binärsprache eignet sich besonders dazu, mit Hilfe eines Codes Informationen darzustellen. Letztlich werden alle Inhalte durch eine Abfolge von Ja/Nein-Entscheidungen ausgedrückt. Daher ist diese Sprache ein ideales Medium, um Informationsübertragungen technisch zu realisieren. Man benötigt dafür nur elektrische Impulse (für die „1") und Pausen (für die „0"). Solch eine Informationsübertragung läuft von einem Sender über einen Informationskanal zum Empfänger. Das Problem ist dabei, den Vorgang der Übertragung so effektvoll gegen Störungen abzusichern, daß der Empfänger die Nachricht unverändert empfängt. Ein weiteres Problem ist die Kapazität des Kanals, d.h. wie viele Nachrichten kann man gleichzeitig senden?

Um diese Probleme ingenieursmäßig behandeln zu können, entwickelte Shannon in den 40er Jahren des 20. Jh. den Begriff der „Information", deren Menge sich quantitativ in der Einheit bit oder byte angeben läßt. Im Grunde ist dieser Begriff unglücklich gewählt, da er mit seinem Bedeutungsinhalt sehr stark von dem des umgangssprachlichen Begriffs abweicht. Denn die Menge an „Information" nach Shannon enthält die gleiche Anzahl von bits, ob die Zeichenfolge nun eine sinnvolle Nachricht darstellt oder ob sie totalen Unsinn repräsentiert. Über den Inhalt oder den Sinn einer Zeichenfolge macht dieser quantitative Informationsbegriff keinerlei Aussage. Ein weiteres Problem entstand dadurch, daß Shannon seinen Informationsbegriff mit der Wahrscheinlichkeit verknüpfte, mit der ein übertragenes Zeichen vorkommt. Er gelangte damit mathematisch zu einer Gleichung, die von gleicher Struktur ist, wie die Definition der Entropie in der Thermodynamik oder Statistischen Mechanik, nur mit negativem Vorzeichen. Es wurde dann von vielen Wissenschaftlern eine gedankliche Beziehung zwischen Shannon-Information und Entropie hergestellt, derart daß Information als negative Information, „Negentropie" bezeichnet wurde. Diese angebliche Bezie-

---

[52] Abkürzung von American Standard Code for Information Exchange.
[53] Allgemein bedeutet ein byte die Wortlänge innerhalb eines Codes. Sie kann also von Code zu Code durchaus unterschiedlich lang sein. In der Informationstechnologie verwendet man aber durchweg zur Charakterisierung der technischen Elemente, wie Speicher, die Einheit 1 byte = 8 bit.

hung zwischen Entropie und Information wird heute von vielen Forschern in Frage gestellt bzw. rigoros abgelehnt.[54] Heute grenzt man die Begriffe ab, indem man von „Informationsentropie" oder „Shannon-Entropie" spricht.

Wenn man sich mit dem Inhalt einer vom Sender an den Empfänger übertragenen Zeichenfolge befaßt, so sieht man leicht, daß sich der umgangssprachliche Begriff der Information kaum quantitativ fassen läßt. Denn er hängt ganz entscheidend vom Vorwissen des Empfängers ab. Telegraphiere ich z.B. „ankomme 17 Uhr", so macht das nur Sinn, wenn der Empfänger bereits weiß wo ich an welchem Tag ankommen werde. Verwende ich z.B. den Ausdruck „Achillesverse", so gibt das nur Sinn, wenn der Empfänger die Geschichte vom Trojanischen Krieg kennt.

Man unterteilt die Information heute in mehrere Ebenen:[55]

1. Die syntaktische Information

    ist nichts anderes als die Shannon-Information. Sie beschreibt nur die syntaktische Beziehung der Elemente einer Zeichenfolge untereinander. Sie erlaubt keine Aussage über Sinn oder Unsinn dieser Zeichenfolge.

2. Die semantische Information

    beschreibt den Inhalt, also die Mitteilung an den Empfänger, den eine Zeichenfolge darstellt.

3. Die pragmatische Information

    charakterisiert die Wirkung der Zeichenfolge auf den Empfänger, bzw. eine dadurch ausgelöste Aktion.

Die semantische und die pragmatische Information lassen sich nicht scharf voneinander trennen. Man kann auch keinen quantitativen Begriff von (sinnvoller) Information entwickeln. Sie kann nicht unabhängig vom Empfänger und seinem Vorwissen objektiviert werden.

> *„Information ist nur möglich in Bezug auf eine vorgegebene Semantik, genauer in Bezug auf die Differenz zweier semantischer Ebenen"*[56]

---

[54] S. z.B. Yockey (2005), 31.
[55] C.F. von Weizsäcker (2002), 163 ff.; derselbe, (2002a), 39 ff., 346 ff; Lyre (2002), 16 ff.
[56] Lyre (2002), 21.

H. Haken[57] definiert noch einen weiteren Informationsbegriff, die

4. Synergetische Information

> als die von einem selbstorganisierten System höherer Ordnung im Laufe seiner Entwicklung erzeugte Information.

Dies ist die Art von Information, die von einem sich entwickelnden Insektenstaat geschaffen wird. Sie wird uns weiter unten noch im Detail beschäftigen.

Biologie der Termiten.

Doch, bevor wir dieser Frage nachgehen, müssen wir uns mit der Biologie eines Termitenstaates befassen. Dabei werden wir zum Vergleich auch auf Erkenntnisse zurückgreifen, die beim Studium anderer staatenbildenden Insekten, vor allem Ameisen, gewonnen wurden.[58]

Durch ihre, allerdings nur für den Laien erkennbare, geringe Ähnlichkeit mit den Ameisen, ihre Pigmentlosigkeit und ihre ähnlich komplexe Staatenbildung wurden die Termiten oft auch als „weiße Ameisen" bezeichnet. Sie sind jedoch mit den Ameisen überhaupt nicht verwandt, sondern gehören, gemeinsam mit den Schaben, einer entfernteren Ordnung der Insekten an. Man kennt bisher etwa 2600 beschriebene[59] Arten von Termiten, von denen mehr als 1500 zu den „höheren Termiten" gerechnet werde. Die Hauptnahrungsquelle der Termiten ist pflanzliche Zellulose. Um die verdauen zu können haben die Termiten bestimmte Einzeller in ihrer Darmflora. Diese Nahrungsquelle macht sie, vor allem die niederen Termiten von nur wenigen Tausend Individuen je „Staat", die sich von trockenem Holz ernähren, zu gefürchteten Schädlingen tropischer Länder. Daß wir von legendären afrikanischen Königreichen keine oder wenige archäologische Hinterlassenschaften haben, schreiben manche Historiker den Termiten zu, die alles einfach aufgefressen haben.

Uns interessieren hier vor allem die höheren Termiten, deren Kolonien mehrere Millionen Individuen umfassen. Bevor wir uns den faszinierenden Details eines Termitenbaus zuwenden, wollen wir uns mit der gesellschaftlichen Struktur ihres Staates befassen. Alle Individuen dieses Gemeinwesens sind Geschwister. Sie sind Nachkommen des Königspaares, das im Innern des Baus in einer speziell gesicherten Kammer lebt. Diese Geschwister treten in mehreren verschiedenen Formen auf, den sogenannten Kasten, deren Mitglieder sich voneinander in der äußeren Gestalt und bezüglich der Aufgaben, die sie in der Gesellschaft haben, unterscheiden. Die Entwicklung einer Larve zum Mitglied einer bestimmten Kaste wird offenbar durch chemische Substan-

---

[57] Haken (1988), 26.
[58] Literatur: Krishna und Weesner (1969); Bignell et al. (2011); Wilson (1971); Hölldobler und Wilson (2009).
[59] Dazu kommen noch 500 bis 1000 Arten, die noch nicht wissenschaftlich erfaßt sind.

zen gesteuert, die von verschiedenen Individuen der Gesellschaft abgesondert werden. Wie das im Detail funktioniert, ist noch weitgehend ungeklärt. Man weiß, daß es zwei verschiedene Arten von Reizen gibt, einen der die Entstehung von Mitgliedern einer bestimmten Kaste bewirkt und einen, der diese unterdrückt. Dadurch wird immer ein Bevölkerungsgleichgewicht aufrecht erhalten. Hier spielt offenbar ein An- oder Abschalten bestimmter Gene eine Rolle, wie bei der Zelldifferenzierung multizellulärer Organismen.[60] Man unterscheidet zwischen dem Königspaar, den Arbeitern, den Soldaten und den Alaten.

Die Alaten, die „Königsanwärter", sind die einzigen, die – für eine kurze Zeit – Flügel haben. Es sind die geschlechtsreifen Insekten, die zu einem bestimmten Zeitpunkt – meist zu Beginn der Regenzeit - zu Zehntausenden den Bau verlassen, um einen Partner zu finden (möglichst von einem benachbarten Termitenvolk der gleichen Spezies), mit dem sie dann einen neuen Staat gründen können. Als Vorbereitung für ihr Ausschwärmen steigt erst einmal die Zahl der Soldaten an, um die Ausflugslöcher, die dann von den Arbeitern geöffnet werden, besser schützen zu können. In manchen Fällen werden noch bestimmte Abflugsgalerien gebaut. Wenn die Alaten dann ausschwärmen, erwartet sie zuerst eine Schar beutegieriger Feinde: Vögel, Eidechsen, Ameisen, Frösche und nicht zuletzt auch der Mensch, für den sie geröstet einen sehr nahrhaften Leckerbissen darstellen. Die wenigen Alaten, die diesen Nachstellungen entkommen sind, legen in ihrem Flug Entfernungen von mehr als hundert Metern zurück, bevor sie zu Boden gehen, ihre Flügel abwerfen und einen Ehepartner finden. Hat man sich geeinigt, wird ein geeigneter Platz für einen Nestbau gesucht. Ist der gefunden, graben sich die Insekten in eine provisorische Höhle in den Boden ein. Oft gräbt auch nur das Weibchen und das Männchen schaut zu. In dieser Höhle findet erst nach Tagen oder Wochen die Paarung statt. Die erste Brutpflege nimmt noch das „Königspaar" wahr, bis dann genügend Arbeiter und Soldaten herangewachsen sind, um eine Arbeitsteilung zu verwirklichen. Der „König" bleibt immer bei der Königin und begattet sie in regelmäßigen Abständen. Mit dem Wachstum des Staates wird die Königin immer größer und Wurst-ähnlicher. Sie wird vorne von Arbeitern gefüttert, hinten produziert sie laufend neue Eier, die von anderen Arbeitern abtransportiert und zu den Brutkammern gebracht werden. Eine ausgewachsene Königin kann bis zu 14 cm groß werden. Der König behält seine ursprüngliche Größe oder schrumpft sogar etwas. Bei den Macrotermitinae produziert eine Königin im Durchschnitt ca. 30.000 Eier pro Tag (!). Sie lebt etwa 10 Jahre, während die einzelnen Arbeiter oder Soldaten zwischen einigen Monaten oder auch mehreren Jahren leben können. Die Angaben in der Literatur zeigen dazu erhebliche Differenzen.[61]

---

[60] Ch. Noirot, Formation of Castes in the Higher Termites, in: Krishna u. Weesner (1969), Bd. I, 311-350; hier: 340.
[61] W. L. Nutting, Flight and Colony Foundation, in: Krishna u. Weesner (1969), Bd. I, 233-282, hier: 273.

Wenn der König oder die Königin sterben, werden Ersatzgeschlechtstiere herangezogen, die dann die weitere Eiproduktion übernehmen. Dadurch hat ein Termitenstaat grundsätzlich die Möglichkeit, unbegrenzt zu existieren. Seine Lebensdauer ist aber auf etwa 3 bis 8 Jahrzehnte begrenzt[62]. Generell unterscheidet man bei einem Termitenstaat drei Lebensphasen: Die juvenile Phase, bei der nur Arbeiter und Soldaten gebildet werden und die dem Aufbau des Baus und seiner Organisation dienen. Sie dauert 5 bis 10 Jahre. Dann wird das „Erwachsenenalter" der Kolonie erreicht, in dem in regelmäßigen Abständen die Alaten ausschwärmen – meist zu Beginn der Regenzeit, wenn der Erdboden weich genug ist, um darin eine Höhle zu graben. Es folgt dann die senile Phase, in der die Produktion der Alaten immer mehr abnimmt, bis sie ganz zum Erliegen kommt.[63]

Die Mitglieder der Arbeiter-Kaste können weiblich oder männlich sein. Bei manchen Arten sind die männlichen Arbeiter größer und gehen der externen Nahrungsbeschaffung nach, währen ihre kleineren Kolleginnen im Bau beschäftigt sind. Man hat auch Hinweise, daß bei manchen Arten ältere Außenarbeiter in den „Innendienst" versetzt werden.

Die Soldaten haben bei einigen Spezies am Kopf gewaltige Zangen, mit denen sie auch einem Menschen schmerzhafte Wunden beibringen können. Auch sie können weiblich oder männlich sein. Je nach Art sind die Waffen der Soldaten aber unterschiedlich. Es gibt dabei Kneif-, Hieb- und Stichwaffen. Manche Arten betreiben auch chemische Kriegsführung. Meist handelt es sich dabei um Sekrete, die bei Luftzutritt polymerisieren und den Termitensoldaten mit seinem Gegner verkleben, so daß letztlich beide zugrunde gehen. Einige Arten haben Nasen- oder Retortenartige Organe am Kopf entwickelt, mit denen sie Chemikalien auf eine Entfernung von einigen Zentimetern recht zielgenau auf den Gegner abschießen können, was meist nur dem Gegner schadet. Diese Erfindung der Natur erwies sich als so effizient, daß diese Arten auf mechanische Waffen ganz verzichten konnten.

Eine Gruppe der höheren Termiten, die Macrotermitinae, hat die Kunst entwickelt, in ihrem Bau Pilze[64] zu züchten. Sie haben dafür im Innern wabenartige Kammern angelegt. Als Nährstoff für die Pilze dienen Pflanzenreste und der Kot der Termiten, der unverdautes Lignin aus der pflanzlichen Nahrung enthält. Die Pilze bauen das Lignin ab. Das Pilzmyzel wiederum dient den Termiten als zusätzliche Nahrungsquelle. Vielfach werden die aus abgestorbenen Termitenbauten herauswachsenden Fruchtkörper der Pilze auch vom Menschen als Speisepilze geschätzt. Pilzkulturen halten nur die höheren Termiten der „alten Welt". In der „neuen Welt" findet man Pilzkulturen bei höheren Ameisen, den Blattschneider-Ameisen, die ein vergleichbar komplexes

---

[62] Nutting, l. c. 275.
[63] Noirot, l. c., 333 ff.
[64] Termitocytes, zur Familie der Basidiomyceten gehörig.

Staatswesen haben, wie die höheren Termiten der „alten Welt". Wir werden ihre Eigenheiten zum Vergleich am Ende noch kurz skizzieren.

Der Termitenbau hat, wie bereits gesagt, eine zementartige Außenwand mit nur kleinen Eingängen. Darunter befindet sich eine sogenannte Schutzschicht mit nur flachen Kammern. Weiter im Innern liegen Wohnkammern für Larven, schwarmbereite Geschlechtstiere (Alaten), Nahrungsvorräte und die Pilzkammern. Zentral sind flache Brutkammern für Eier und Junglarven und eine Zelle mit besonders fester Wand für das Königspaar. Der ganze Bau ist von Gängen durchzogen, die tief in die Erde hinuntergehen bis ans Grundwasser. Dieses Prachtbauwerk ist darüber hinaus noch voll klimatisiert. Eine exakte Temperaturkonstanz ist nämlich sowohl für die Brut als auch für das Gedeihen der Pilzkulturen lebenswichtig. Durch die Pilzgärten und den Stoffwechsel der Termiten ist die Temperatur im Innern am höchsten. Dort hat auch der Kohlendioxyd-Gehalt der Luft seinen maximalen Wert. Die warme Luft steigt in den inneren Gängen hoch, wird im Bereich nahe der Außenwand durch Frischluft ersetzt, die dann wieder in tiefere Bereiche absinkt. Ist es einmal trotz Luftzirkulation zu warm, so holen die Termiten Grundwasser herauf und befeuchten damit die Innenwände der Gänge, um durch die Verdunstungsenergie des Wassers Kühlung zu bekommen. Außerhalb des Baus befinden sich bei manchen Arten überdachte Wege zu den Nahrungsquellen, bei anderen Arten sind diese Wege offen und mit einer chemischen Spur belegt, der die Insekten mit ihrem Geruchssinn folgen. Auf diese Weise schwärmen täglich Hunderttausende von Arbeitern unter dem Schutz von Soldaten aus, um Nahrung herbeizuschaffen.

Wenn Termiten an einem Bau arbeiten, scheint es so, als habe jedes einzelne Insekt den Bauplan im Kopf. Man hat daraufhin einzelne Insekten einem „Intelligenztest" unterzogen mit dem Ergebnis, daß die Insekten auf primitiver Ebene lernfähig sind, jedoch über keine höhere Form des Gedächtnis verfügen. Sie sind als Einzelindividuen nicht in der Lage, auch nur nach Teilen eines Bauplans zu arbeiten. Auch sind sie nicht fähig, sich gegenseitig komplexere Informationen weiterzugeben. Jedes Insekt überblickt nur den kleinen Bereich seiner unmittelbaren Umgebung. Man kann also sagen, daß kein einzelnes Insekt in einem Termitenstaat die Struktur und Funktion seines Baus wirklich versteht. Das gilt auch für das Alatenpaar, das zum Hochzeitsflug startet und dann einen neuen, dem alten gleichartigen, Bau gründet. Sicher wird dabei der Spezies-spezifische Bauplan auf die nächste Generation vererbt, aber wie?

Auf mechanische Verletzungen reagiert der Termitenbau durch „Wundheilung". Soldaten eilen herbei und sichern das Loch gegen evtl. Eindringlinge ab. Sie werden durch ungewohnten Luftzug alarmiert. Dann folgen Scharen von Arbeitern, die das Loch rasch wieder ausbesser.

Daß kein einzelnes Insekt seinen Staat als Ganzes überblickt, gilt entsprechend für andere staatenbildenden Insekten, insbesondere auch für Ameisen. Ein Insektenstaat tritt als eine individuelle Einheit in der Natur auf. Er ist ein „Superorganismus".[65] Er reagiert als Ganzes nach Gesetzen, denen die einzelnen Insekten nicht unterliegen. Aus der Froschperspektive des einzelnen Insekts ist dieses System wahrscheinlich völlig unverständlich, abgesehen von dem kleinen Bereich der Aufgaben, für das es selber zuständig ist. Verglichen mit den Elementen, aus denen er zusammengesetzt ist, den Millionen einzelner Insekten, stellt er ein System höherer Ordnung dar, das neue Eigenschaften zeigt, die den einzelnen Insekten nicht zu eigen sind. Man kann ein solches System mit einem aus Ziegeln errichteten Gebäude vergleichen. Der einzelne Ziegelstein bestimmt mit seinen Eigenschaften viele Eigenheiten des fertigen Gebäudes mit. Bauplan und Funktion lassen sich jedoch aus den Eigenschaften des Ziegelsteins nicht ableiten. Von einem von Menschen errichteten Gebäude unterscheidet sich ein Termitenbau, daß es eben keinen faßbaren Bauplan gibt und kein Organisations-Schema, sondern daß sich das Ganze in einem Prozeß der Selbstorganisation „von alleine" entwickelt hat, gesteuert von Impulsen, die der Gesamtheit seiner Teile entspringen. Im folgenden werden wir sehen, wie das geschehen kann und wie dabei neue Information entsteht.

Definitionen.

Zuerst müssen wir ein paar Begriffe definieren. Wir haben bereits, ohne es zu definieren, von einem **System** gesprochen. Eine sehr gute Definition findet man bei Honerkamp[66]: Ein System ist *„eine Gesamtheit von Objekten, die in solcher Beziehung zueinander stehen oder untereinander wechselwirken, daß sie gegenüber ihrer Umgebung als eine Einheit wirken."* Ein solches System kann ein Lebewesen sein, ein Insektenstaat oder ein ganzes Ökosystem. Es kann aber auch ein technisches Gerät, wie Kühlschrank oder Auto, sein oder auch ein wissenschaftlicher Versuchsaufbau.

Ein weiterer wichtiger Begriff ist der der Rückkoppelung oder des Feedback. Man unterscheidet hier zwischen einem **negativen Feedback**, bei dem ein physikalischer Parameter, wie die Temperatur, auf einem vorher festgelegten Sollwert gehalten wird: Die Heizung arbeitet solange bis die Zimmertemperatur den bestimmten Wert erreicht hat, dann wird sie vom Regler abgeschaltet. Entsprechend arbeitet die Klimaanlage zur Kühlung.

Von einem **positiven Feedback** spricht man bei allen Prozessen, die sich im Laufe ihres Ablaufens von selbst verstärken. Hierzu gehören alle autokatalytisch verlaufenden chemischen Reaktionen[67], die Kettenreaktionen bei der Kernspaltung sowie alle

---

[65] Siehe auch das gleichnamige Buch von Hölldobler und Wilson (2009).
[66] Honerkamp (2013), 88
[67] bei denen das Endprodukt die chemische Reaktion, die zu seiner Entstehung führt, beschleunigt.

ungehemmten Wachstumsprozesse, wie das Bevölkerungswachstum bis dieses letztendlich durch Nahrungsknappheit mittels eines negativen Feedback gehemmt wird.

Komplexe Systeme[68] nennt man solche Systeme, die aus miteinander wechselwirkenden Elementen aufgebaut sind und die globale Eigenschaften zeigen, die auf der Ebene ihrer Untereinheiten nicht erkennbar sind und die sich aus deren Eigenschaften meist auch nicht herleiten lassen. Salopp ausgedrückt sagt man: „Das Ganze ist mehr als die Summe seiner Teile". Grundsätzlich gilt diese Aussage natürlich auch für ein beliebiges von Menschen gefertigtes aus vielen Teilen zusammengesetztes Gebilde, wie z.B. eine Uhr oder ein Auto. Das natürlich auftretende komplexe System wird aber nicht von jemandem zusammengeschraubt, sondern es entwickelt sich spontan aus dem Zusammenwirken seiner Teile. Kontrovers wird noch unter den Fachleuten diskutiert, ob das „Nichtherleitenkönnen" nur daran liegt, daß wir über die Wechselwirkungen der Untereinheiten zu wenig wissen, oder ob es sich um ein grundsätzliches Problem handelt. Die neu auftretenden Eigenschaften des Gesamtsystems nennt man auch emergente Eigenschaften. Den Vorgang nennt man **Emergenz**. Durch das Zusammenwirken der Untereinheiten entsteht mit den emergenten Eigenschaften des Systems ein **Zustand höherer Ordnung**. Da sich die emergenten Eigenschaften des Gesamtsystems spontan, ohne äußere Einwirkung, aus dem System selbst entwickeln, spricht man von **Selbstorganisation**. Als Maß für die Komplexität eines derartigen Systems dient die Informationsmenge, die erforderlich ist, um es zu beschreiben.[69]

Wie kann nun in der Natur spontan Ordnung entstehen? Widerspricht dies nicht dem Zweiten Hauptsatz der Thermodynamik, demzufolge alle spontan ablaufenden Vorgänge in der Natur in Richtung größerer Unordnung ablaufen? Doch Vorsicht! Der Zweite Hauptsatz gilt nur für abgeschlossene Systeme, bei denen weder Energie noch Materie mit der Außenwelt ausgetauscht wird. Derartige Systeme befinden sich, wenn man sie nicht stört, im Gleichgewicht und haben dort den höchsten ihnen möglichen Unordnungszustand erreicht. Die komplexen Systeme, die wir hier in Form eines Termitenstaates betrachten, sind aber von anderer Art. Es sind offene Systeme mit einem ständigen Austausch von Energie und Materie mit der Außenwelt. Sie befinden sich in einem Fließgleichgewicht. In Form der zugeführten Nahrung und anderer Ressourcen wird ihnen Energie und Materie zugeführt, und das in einem höheren Ordnungsgrad (oder: geringeren Entropie) als die Energie (in Form von Wärme) und die Materie (in Form von Abfall), welche das System wieder verlassen. Anders ausgedrückt: Das System schafft Ordnung indem es in dem Energie- und Materiefluß, von dem es durchströmt wird, eine höhere Unordnung schafft. Diese Unordnung gibt es an seine Umgebung ab. Es erzeugt also in seiner Umgebung Entropie, in seinem Inneren aber Ordnung.

---

[68] Camazine (2003), 11.
[69] Bar-Yam (1997), 703.

Ausführlich haben die Physiker derartige Vorgänge auch an Beispielen aus der unbelebten Natur untersucht, die naturgemäß einfacher und damit mathematisch übersichtlicher zu behandeln sind, als die Vorgänge in Termitenstaaten. Beispiele sind hier z.B. die Dünenbildung durch Wind, die Strukturen im Sand von Brandungszonen und spontan auftretende Muster bei komplexeren chemischen Reaktionen. Überall entstehen im lokalen Bereich geordnete Strukturen auf Kosten der Ordnung im Gesamtsystem. Derartige Strukturen nennt man **dissipative Strukturen**.[70]

Wie derartige Vorgänge ablaufen können, wollen wir uns in einem berühmten Experiment veranschaulichen. Nehmen wir an, wir haben in einem Glasgefäß zwischen zwei waagerechten Glasplatten eingesperrt eine Flüssigkeitsschicht. Von unten erwärmen wir das Gefäß und oben wird es gekühlt. Wenn wir ganz langsam erwärmen, wird die zugeführte Wärme durch die Flüssigkeitsschicht nach oben abgeleitet und vom Kühlsystem abgeführt. Man nennt das Wärmediffusion oder Wärmeleitung. Das funktioniert so lange, bis eine ganz bestimmte Temperaturdifferenz überschritten ist. Dann schafft es die Wärmeleitung nicht mehr, mit der größeren Wärmemenge fertig zu werden. Es kommt zu einem Wärmestau. Unten dehnt sich die Flüssigkeit aus und wandert als Flüssigkeitspaket nach oben, weil sie durch die Wärmeausdehnung leichter geworden ist als die über ihr stehende Flüssigkeit,. In gleichem Maße sinkt ein schwereres kaltes Flüssigkeitssegment nach unten. Es bilden sich lauter kleine Segmente aus, in denen in einer kreisförmigen Konvektionsströmung die Flüssigkeit umläuft. Von oben betrachtet hat das ganze eine bienenwabenartige Struktur. Es entsteht hier eine dynamische Ordnung, spontan in einem vorher ungeordneten System. Man nennt, nach seinem Entdecker im 19. Jh., dieses Phänomen die „Bénard Instabilität".[71] Hier wird der Übergang eines Systems durch Änderung eines von außen steuerbaren Parameters verursacht, nämlich durch die Temperaturdifferenz zwischen der warmen Unterseite der Flüssigkeit und der kalten Oberseite. Bei Erhöhung der Temperaturdifferenz wird das System instabil und geht spontan von dem Zustand der reinen Wärmeleitfähigkeit in den des Wärmeausgleichs durch Bildung von Zellen mit Konvektionsströmung über. Die Temperaturdifferent, bei der das System von einem Modus in den anderen „umkippt", nennt man einen **Bifurkationspunkt**. Den Vorgang des Umkippens nennt man **Bifurkation**.

---

[70] da sie durch Dissipation von Freier Energie und damit Erhöhen der Entropie an anderer Stelle entstanden sind.
[71] Näheres, vor allem auch die mathematische Behandlung findet man z.B. bei Glansdorff u. Prigogine (1971), 154 ff u. 179 ff.

Wie entsteht ein Termitenbau?

Wie die Errichtung eines Termitenbaus im Einzelnen abläuft, ist für die damit befaßten Forscher noch ein großes Rätsel. Aber immerhin kennt man bisher einige Grundprinzipien.[72] Ein wichtiges Kommunikationsmittel zwischen den einzelnen Insekten eines Termitenstaates sind gewisse Duftstoffe, die sie ausscheiden können, sogenannte Pheromone. Das sind oft langkettige Aldehyde oder Alkohole mit 8 bis 12 Kohlenstoffatomen, die noch ein bis drei Doppelbindungen tragen können, oder auch komplexer aufgebaute Terpene. Mit derartigen Duftstoffen markieren sie z.B. viel begangene Wege zur Futterbeschaffung, um den Anderen die Orientierung zu erleichtern. In höherer Konzentration können diese Stoffe aber auch als Sexuallockstoffe dienen.

Diese Pheromone spielen bei der Koordinierung der Bautätigkeit eine entscheidende Rolle. Allgemein beruht die Verständigung zwischen staatenbildenden Insekten überwiegend auf der chemischen Kommunikation mit Hilfe von Pheromonen. Bei höheren Ameisen fand man z.B. mindestens 10-20 unterschiedliche Pheromon-Signale.[73] Termiten der Gattung Macrotermes nehmen als Baumaterial Erde, die sie mit ihrem Speichel vermengen und dann als Pellets an der Baustelle ankleben. Durch den Speichel enthalten diese Pellets ein Pheromon, das andere Termiten, die sich in der Nähe aufhalten, veranlaßt, dort auch ihre Baumaterialien anzukleben. Wir haben es hier also mit einem positiven Feedback-Mechanismus zu tun. Durch das „Wegemarkierungs"-Pheromon werden immer mehr Termiten angelockt, zu der Baustelle zu kommen. Sie scheiden dabei auch wieder dieses Pheromon aus. Dadurch werden immer mehr Insekten angelockt. Also auch hier wirkt ein positiver Feedback.

Wie beginnt nun überhaupt die Bautätigkeit? Hier spielt ein mehr oder weniger zufälliges Ereignis eine Rolle. Den Termiten ist auch eine Verhaltensweise angeboren, die sie veranlaßt, ein Bau-Pellet auf einer bereits vorhandenen Unregelmäßigkeit ihrer Umgebung abzulagern. Das kann der Teil eines bereits begonnenen Bauabschnitts sein. Das kann aber auch eine zufällige Inhomogenität des Erdbodens sein. Man nennt dieses Verhalten in Fachkreisen Stigmerie. Ist nun ein weiteres Insekt ganz nahe, so legt es vielleicht seinen Pellet auch dort ab, usw. So entsteht die Bautätigkeit, die dann zu einer Säule führen kann. Auch dieser Vorgang gehorcht einem positiven Feedback. Die Speichel-Pheromone sind leicht flüchtig und verdampfen rasch. Auch nimmt ihre Konzentration mit der Entfernung von der Baustelle im Zentimeterbereich rasch ab. So können durch reinen Zufall, relativ dicht nebeneinander, mehrere Baustellen entstehen, bei denen Säulen errichtet werden. Immer dort, wo der Duft des Pheromons am stärksten bemerkbar ist, werden neue Pellets angeklebt, dazwischen bleibt eine Lücke bestehen. Soweit kann man erklären, wie nebeneinander stehende Säulen errichtet werden. Bis hierher hat man das Geschehen auch in Laborversuchen mit Termiten bestätigt.

---

[72] Judith Korb, Termite Mound Architecture, from Function to Construction, in: Bignell et al. (2011), 349-373; Camazine (2001), 7 ff, 377 ff.
[73] Hölldobler u. Wilson (2009), 181.

Mit weiteren Versuchen hat man einen anderen Mechanismus aufgeklärt, bei dem nach einer räumlichen Vorlage (englisch: Template) gebaut wird. Es handelt sich um die Reparatur der Kammer der Königin. Hier liefert die Königin mit ihrem Pheromon eine Dunstglocke, an deren Grenze dann die Wände der Kammer errichtet werden.

Hypothetisch hat man Vorstellungen entwickelt, wie ein weiterer Verlauf aussehen könnte. Ein Bogen könnte z.B. entstehen, wenn ein Luftzug für eine unregelmäßige Verteilung des Speichelpheromons in der Luft sorgt, so daß das nächste Insekt sein Pellet etwas versetzt an der Säule anbaut und die weiteren Baumeister in diesem Sinne weitermachen. In einem fortgeschritten Stadium kann das Zusammenwirken von Diffusion und Luftströmung bei der Pheromon-Verteilung sogar dazu führen, daß der Bau so konstruiert wird, daß er später eine optimale Luftzirkulation ermöglicht.

Von besonderem Interesse ist auch der Umstand, daß die Konstruktion des Termitenbaus bei einigen Spezies stark von Umwelteinflüssen geprägt ist. So z.B ist er. bei den australischen Amitermes entweder brettartig oder kegelförmig, je nach Feuchtigkeit des Bodens. Bei anderen Arten variiert seine Form je nach Standort, ob er in der freien Savanne steht oder im Baumschatten am Waldrand. Hier treibt offenbar ein Umweltsignal das System „Termitenstaat" an einen Bifurkationspunkt, wo das System von einem Modus in einen anderen umklappt.

Im Rahmen der Evolution verhält sich ein Termitenstaat wie eine Einheit, wie ein Gesamtorganismus.

Ameisen zum Vergleich.

Die Blattschneider-Ameisen trifft man überwiegend in den tropischen Regionen von Mexiko sowie Mittel- und Südamerika.[74] Sie haben z.Tl. noch bevölkerungsreichere Organisationen als die höheren Termiten der „alten Welt". Sie züchten auch Pilze aus der Familie der Basidiomyceten, die sie auf einem Humus ziehen, den sie aus frisch geschnittenen Blättern oder Gräsern bereiten. Ihre Bauten sind gewaltig, scheinen jedoch von der Organisation her einfacher strukturiert zu sein, als die der höheren Termiten. Man hat einige dieser Nester näher untersucht. In einem Fall hatten die Ameisen im Verlauf von sechs Jahren beim Nestbau 40 to Erde bewegt. Das Nest bestand aus 1920 Kammern, von denen 238 Pilzkulturen enthielten. Bei einem anderen Nest hat man vor dem Ausgraben alle Höhlungen mit Flüssigzement geflutet und so einen inneren Abdruck erzeugt. Dabei wurden 6,3 to Zement und 8,3 m² Wasser verbraucht. Die meisten Kammern eines derartigen Nestes liegen in einer Tiefe zwischen 1 und 3 Metern. Die tiefsten reichen bis 8 Meter in den Boden.

---

[74] Hölldobler und Wilson (2009), 408 ff.

Auch bei den Ameisen fliegen zu einer bestimmten Zeit die Alaten zum Hochzeitsflug aus. Der Zeitpunkt ist bei ein und derselben Spezies so koordiniert, daß alle gleichzeitig ausfliegen, so daß sich Insekten aus verschiedenen Nestern paaren können. Die Paarung vollzieht sich in der Luft. Ein Weibchen wird dabei von bis zu acht Männchen begattet. Nach der Paarung sterben die Männchen. Das weibliche Insekt bewahrt die bis zu 320 Millionen Samenzellen in einer Tasche ihres Körpers auf und gründet als Königin den neuen Insektenstaat. Auch trägt sie eine Probe der Pilzkultur ihrer Ursprungskolonie mit sich. Ihre Lebenserwartung beträgt 10 bis 15 Jahre. In dieser Zeit legt sie bis zu 200 Millionen Eier. Da sie als Geschlechtstier nicht ersetzbar ist, stirbt mit ihr die Kolonie.

Die Ausdifferenzierung in Kasten ist bei den Ameisen nicht so stark wie bei den höheren Termiten. Die Arbeiter unterscheiden sich, je nach Aufgaben, meist nur durch die Kopfgröße. Jede Kaste hat mehrere Aufgaben zu bewältigen. Auf etwa 7 Kasten kommen dabei bis zu 20 Aufgaben. Je nachdem, welche Aufgaben gerade am dringlichsten sind, nehmen mehr oder weniger Ameisen eine bestimmte Aufgabe wahr. Diese Flexibilität wurde ausführlich an den Roten Ernteameisen in Arizona untersucht, die Kolonien bis zu 12.000 Individuen bilden. Mit dem Alter der Kolonie (nicht dem der einzelnen Insekten !) nimmt diese Flexibilität ab.[75]

Ausblick und Offene Fragen.

Wir haben gesehen, daß die Struktur und die Funktion eines Termitenstaates „ganz von selbst" durch das Zusammenspiel der einzelnen Insekten im Laufe der Entwicklung und des Wachstums dieses Staates entstehen. Dabei wird auf einer im Vergleich zu den Einzel-Insekten höheren Ebene der Organisation neue Information erzeugt und ein Gebilde geschaffen, das über völlig neue Eigenschaften verfügt. In dieser neuen synergetischen Information wird die Summe der Einzelinformationen, die im Wirken der einzelnen Termiten besteht, verdichtet. Wie dieser Prozeß aber im einzelnen abläuft und warum er immer zielgerichtet verläuft ist noch unklar. Der Leser sieht an unseren zunehmend vagen Formulierungen bezüglich des Termitenbaus, daß die vorhandene Faktenlage bezüglich der Termiten immer dürftiger wird. Wenn man ältere Übersichtsartikel mit neueren vergleicht[76], stellt man fest, daß bei vielen Fragen in den vergangenen Jahrzehnten kaum Fortschritte erzielt wurden.

Offene Fragen sind, wie die komplexeren Strukturen und Funktionalitäten eingerichtet werden, wie Brutkammern, Vorratsspeicher und Pilzgärten. Hier warten auf die damit

---

[75] Deborah M. Gordon (1996), *The organization in social insect colonies*, Nature 380, 121-124; dieselbe (1995), *The Development of Organization in an Ant Colony*, American Scientist 83, 50-57; Stephen W. Pacala et al. (1966), *Effects of social group size on information transfer and task allocation*, Evolutionary Ecology 10, 127-165.
[76] Z.B. die Artikel bei Krishna u. Weesner (1969) mit denen bei Bignell et al. (2011).

beschäftigten Biologen noch Jahrzehnte intensiver Forschung. Diskutiert wird zwischen Fachleuten auch noch die Frage, ob ein Insektenstaat nun ein „Superorganismus" ist oder nur schlicht ein „Organismus". Denn die einzelnen Insekten sind unabhängig von ihrem Volk weder überlebensfähig noch können sie sich selbständig vermehren. Sie sind daher eher vergleichbar mit den einzelnen Zellen eines höheren Organismus. Ihre Kasten kann man dann mit den Organen vergleichen. Viele Gesichtspunkte, die wir hier diskutiert haben, finden auch auf die Analyse der Entwicklung (Ontogenese) eines höheren Organismus Anwendung. Parallelen zwischen Insektenstaat und Organismus sind dabei durchaus gegeben.

Eine wichtige Frage entwickelt sich aus der nach der Lebensdauer eines Termitenvolkes. Da die Geschlechtstiere immer wieder ersetzbar sind, kann solch ein Volk ja theoretisch unbegrenzt weiterleben, solange es nicht von Freßfeinden zerstört wird, z.B. durch räuberische Ameisen. Hier hilft uns die Physik weiter. Eine allgemeine Eigenschaft hochkomplexer Systeme, die den Gesetzmäßigkeiten der Selbstorganisation gehorchen, ist es daß sie von innen her ohne einen äußeren Anlaß spontan in einen Zustand der Instabilität übergehen können.[77] Bei der Untersuchung der allgemeinen Eigenschaften komplexer Systeme hat man zudem die Vorstellung entwickelt, daß ein System gegebener Komplexität nur in einem System höherer Komplexität abgebildet werden kann. Anders ausgedrückt: Um ein gegebenes System zu überblicken und zu verstehen, benötigt man ein anderes System höherer Komplexität. Das verstehende System kann dabei ein Individuum und dessen Gehirn sein oder eine Gruppe von Individuen mit ihrer gemeinsamen Kompetenz. Es könnte aber auch die Basis des selbstorganisierten Systems selbst sein, dergestalt daß es die Summe der Parameter umfaßt, die die Basis für die Entwicklung und Erhaltung des selbstorganisierten Systems darstellt. Man könnte das auch den „systemimmanenten Bauplan" nennen. Übersteigt nun als Folge von Wachstum die Komplexität eines selbstorganisierten Systems, z.B. bezüglich der Parameter Anzahl der Elemente (Insekten) oder räumliche Ausdehnung und Struktur, das noch von diesem systemimmanenten Bauplan beherrschbare Maß, so bricht die Selbststeuerung des Gesamtsystems zusammen. D.h. es wird eine Schwelle der Komplexität überschritten, ab der das System sich selbst nicht mehr versteht. Das System versinkt im Chaos und geht unter. Denn – und das lehrt uns auch die Physik – jedes sich dynamisch und evolutionär entwickelnde System gedeiht nur in einem schmalen Bereich zwischen Ordnung und Chaos, sozusagen an der Abbruchkante zum Chaos. Dazu gehören auch alle lebendigen Systeme und Organismen. Versagt die Kontrolle oder wird das System massiv gestört, versinkt es im Chaos.

Man kann diese Überlegungen auch auf menschliche Gesellschaften anwenden, die auch als selbstorganisierte hochkomplexe Systeme betrachtet werden können. Der berühmte nordafrikanische Geschichtsphilosoph Ibn Khaldun (1332-1406) machte in

---

[77] Siehe z.B. den schönen Übersichtsartikel: Dirk Helbing (2013), *Globally networked risks and how to respond*. Nature <u>497</u>, 51-59.

seinem Hauptwerk, der Muqaddimah, eine imperiale Überdehnung für den Untergang aller Großimperien der Geschichte verantwortlich.[78] Auch auf die neuere Geschichte kann man dieses Erklärungsmodell anwenden. Auch menschliche Kulturen, Staatengebilde oder Zivilisationen bewegen sich in dem schmalen Bereich zwischen Ordnung und Unordnung am Rande des Chaos. Ein kleiner Anstoß kann sie vom Zustand eines stationären Gleichgewichtes über einen Bifurkationspunkt ins Chaos stürzen. Einen Überblick über diesbezügliche Überlegungen von Systemtheoretikern gibt Ferguson.[79]

Bar-Yam[80] betrachtet die Gesamtheit der menschlichen Zivilisation als ein komplexes System, wendet dies Konzept aber auch auf Firmen an. Man kann auch die einzelnen Staaten, Kulturbereiche oder Wirtschaftsräume als unterschiedliche komplexe Systeme ansehen. So wird es verständlich, daß als Folge der Globalisierung die Finanzmärkte nicht mehr beherrschbar sind, einfach aus dem Grunde, daß weder ein Einzelner noch ein Kollektiv aus Fachleuten, dieses System noch versteht.

Eine wichtige Eigenschaft eines höher entwickeltem Insektenstaat ist seine Eusozialität, bei der die einzelnen Individuen ihre Interessen gegenüber denen des Allgemeinwohls zurückstellen. Nur so ist Arbeitsteilung möglich. Es herrscht in diesen Gesellschaften ein ausgesprochener Altruismus nach dem Motto: „Einer für Alle, Alle für Einen". Zusammengehalten wird der Insektenstaat auch durch ein hochentwickeltes „Wir-Gefühl", das u.a. auch durch einen gemeinsamen Pheromon-bedingten Geruch hervorgerufen wird.

Bei Säugetieren kennt man Eusozialität vor allem bei dem ostafrikanischen Nacktmull, einem mausgroßen Verwandten des Maulwurfs. Er lebt in unterirdischen Gängen und Bauten in Kolonien von einigen hundert Individuen, die von einem weiblichen Geschlechtstier, der „Königin" autoritär beherrscht werden. Primitivere Formen der Eusozialität findet man bei einigen Wolfs- und Wildhund-Arten.

Auch beim Menschen finden wir eine ausgeprägte Eusozialität. Auch hier ist der Altruismus mit dem „Wir-Gefühl" korreliert. Letzteres hat in primitiven Gesellschaften seine Wurzeln in Familie, Clan und Stamm, zentriert evtl. auch um ein gemeinsames Totemtier. In komplexeren Gesellschaften kommen kulturelle Verankerungen hinzu, wie gemeinsame Sprache und Kulturtradition, Religion und Ideologie, oder aber auch eine gemeinsame nationale Identität. Aus der Biologie können wir ableiten: Wird das Wir-Gefühl geschwächt, wird die Gesellschaft verwundbar. Verschwindet das Wir-Gefühl, so geht die Gesellschaft zugrunde.

---

[78] Ibn Khaldun, Muqaddimah Kap. III, § 7, Übersetzung s. Rosenthal (1958), Bd. I, 328 f.
[79] Ferguson (2011), 441 ff.
[80] Bar-Yam (1997). 761 ff.

Was ist ein Gen?

> Ein Gen ist die Abfolge von Basenpaaren in der Nukleinsäure,
> die ein Programm mit einer ganz bestimmten Funktion codiert.
>
> (Ernst Mayr)

Der Begriff "Gen", volkstümlich auch „Erbfaktor" genannt, wurde zu Beginn des 20. Jh. in die Wissenschaft eingeführt, als man die bahnbrechenden Forschungsergebnisse von Gregor Mendel aus dem 19. Jh. wiederentdeckte und auf dem Gebiet der Vererbung weiter forschte. Wir werden zeigen, wie sich dieser Begriff mit dem Zuwachs an Erkenntnissen in diesem, damals neuen, Forschungszweig bis heute weiterentwickelte. Doch zuerst zu ein paar grundsätzlichen Problemen.

Die Frage, was ein Gen ist, interessiert selbstverständlich in erster Linie die Genetiker und die Molekularbiologen, also die Fach-Wissenschaftler, die diesen Begriff tagtäglich verwenden. Erstaunlicherweise befaßte sich, vor allem in den 90er Jahren des letzten und im ersten Jahrzehnt des neuen Jahrhunderts eine große Anzahl von Autoren aus einem neuen Wissensgebiet, der „Philosophie der Biologie" mit dieser Frage.[81] Wenn man die Lebensläufe dieser Autoren betrachtet und sorgfältig ihre Texte liest, kommt man nicht um den Schluß herum, daß viele von ihnen über eine unzureichende oder sogar fehlende naturwissenschaftliche Vorbildung verfügen. Man kann nur verwundert fragen, was gerade sogenannte „Naturphilosophen" an der Biologie so reizt. Vielleicht sind es die Ergebnisse der Genetik und der Evolutionslehre, die den Menschen als die „Krone der Schöpfung" noch stärker in Frage stellen als es die Kosmologie je vermochte. Das wird von vielen Nicht-Naturwissenschaftlern verständlicherweise als eine narzißtische Kränkung empfunden. Viele Autoren kritisieren am Gen-Begriff, daß er sich im Laufe der Jahrzehnte stets gewandelt hat, oder sie zitieren die Vagheit des Begriffes bei älteren Autoren, die von einer längst überholten wissenschaftlichen Basis her argumentieren mußten, weil sie spätere Ergebnisse noch nicht kennen konnten. Manche Autoren nahmen den komplexen Aufbau der Gene bei Eukaryonten (s.u.) zum Anlaß, den Gen-Begriff als solchen in Frage zu stellen und ein „Postgenomisches Zeitalter" auszurufen.

Andere wiederum sahen in der Tatsache, daß die Informationsmenge, die erforderlich ist, um einen ausgewachsenen Organismus zu beschreiben, die Menge an Information, die in seinem Genom gespeichert ist, um Größenordnungen übersteigt, ein Argument gegen die Genetik. Wir werden diesen Punkt noch ausführlich diskutieren und zeigen,

---

[81] Einige Beispiele: Paul E. Griffith und Karola Stotz, *Gene*, in: Hull und Ruse (2007), 85-102; Beurton et al. (2000); s. auch einige Beiträge bei Sarkar (1996); Paul E. Griffith, *The Philosophy of Molecular and Developmental Biology*, in: Machauer und Silberstein (2002), 252-271.

daß hier – analog zum Insektenstaat – in einem Prozeß der Selbstorganisation synergetische Information aufgebaut wird.

Eine rühmliche Ausnahme bildet in dieser Diskussionsrunde H.-J. Rheinberger[82], der wohl auch als Einziger auf eine „molekularbiologische Vergangenheit" zurückblicken kann. Er stellt klar, daß die Molekularbiologie bisher ohne ein präzises Gen-Konzept hervorragend zurechtkam. Er weist auch darauf hin, daß es nicht die Aufgabe von Erkenntnistheoretikern ist, vage Konzepte innerhalb wissenschaftlicher Fachdisziplinen zu kritisieren oder gar zu präzisieren versuchen in der Erwartung, den Fachleuten zu helfen, ihre verschlungenen Gedanken zu klären und somit bessere Wissenschaft zu treiben. Rheinberger hebt weiter den Nutzen unscharfer Konzepte für den Fortschritt der Wissenschaft hervor.[83] Schließlich gibt er noch einen klaren Hinweis auf den Wert der Fuzzy-Logik bei der Analyse komplexer Vorgänge mit unscharfen Parametern.[84] In einem neueren Artikel diskutiert Rheinberger das Problem erneut und stellt noch einmal klar, daß die Frage des Gen-Begriffs in die Domäne des experimentellen Naturwissenschaftlers gehört und nicht in die des Philosophen.[85]

Derartige Grundüberlegungen gelten selbstverständlich nicht nur für die Molekularbiologie sondern für alle Naturwissenschaften gleichermaßen. Lassen Sie uns daher einen kurzen Exkurs unternehmen zur Frage, wie exakt ein Begriff in der Naturwissenschaft überhaupt ist. Dieser Frage ist der theoretische Physiker Josef Honerkamp am Beispiel der Physik nachgegangen.[86] Honerkamp kommt zu dem Schluß, daß selbst in der exaktesten Naturwissenschaft, nämlich der Physik, eine Vagheit der Begriffe herrscht. Explizit definierte Begriffe finden wir nur in der Mathematik. Zudem wandeln sich die Inhalte der Begriffe in der Physik auch mit dem Fortschreiten der Erkenntnis. Es ist nicht die Ebene der Begriffe, sagt Honerkamp, die der Physik ihre Exaktheit verleiht, sondern die Genauigkeit der Beziehungen zwischen quantitativ faßbaren Eigenschaften von Objekten. Die Begriffe der Wissenschaft entstammen der Umgangssprache. Man kann sie nicht als scharf begrenzte Bedeutungsräume auffassen. Sie enthalten vielmehr einen „harten Kern" und werden zur Peripherie hin immer vager und diffuser. Diese Einsicht scheint einem Autor wie z.B. Dietrich[87] fremd, wenn er die Kritik Goldschmidts am Gen-Begriff der 30er und frühen 40er Jahre (also aus der vormolekularbiologischen Epoche) auf die heutige Diskussion überträgt.

Wenn man die Entwicklung von Begriffsinhalten im Verlauf der Wissenschaftsgeschichte betrachtet, so stellt man fest, daß gerade die Vagheit der Begriffe erst einen

---

[82] H.-J. Rheinberger, *Gene Concepts, Fragments from the Perspective of Molecular Biology*, in: Beurton et al. (2000), 219-239.
[83] l.c., S.222f.
[84] l.c., S. 236.
[85] H.-J. Rheinberger u. St. Müller Wille, *Gene Concept*, in: S. Sarkar u. A. Plutynski (2011), 1-21.
[86] Honerkamp (2013), XXIII ff.
[87] M.R. Dietrich (2000), *From Gene to Genetic Hierarchy: Richard Goldschmidt and the Problem of the Gene*, in: Beurton et al. (2000), 91-114.

Fortschritt im Denken ermöglichte. Von der Vagheit der Begriffe macht auch ein neuer Zweig der Logik, die bereits erwähnte Fuzzy-Logik, Gebrauch, die sich in manchen technischen Anwendungen als sehr nützlich erweist.[88] Vor allem bei Steuersystemen für Haushaltsgeräte findet die Fuzzy-Logik ihre Anwendung. In der klassischen Formalen Logik gibt es die Alternativen „Wahr" oder „Falsch". Eine Aussage ist dort klar einer scharf abgegrenzten Menge zuordenbar. In der Fuzzy-Logik gibt es beliebig viele Aussagen im Bereich zwischen „Wahr" und „Falsch". Eine Aussage kann zudem gleichzeitig mehreren Mengen zugeordnet sein. Beispiele sind das Sorites-Paradox mit der Frage, ab wievielen Getreidekörnern man von einem Haufen sprechen kann. Aber auch die Frage, was ist „groß", „warm", „kalt" oder „schmutzig", und die Nuancen „lauwarm", „gering verschmutzt" oder „kühl", werden von der Fuzzy-Logik abgedeckt.

Honerkamp stellt auch klar:

„Es zeigt sich im Laufe der Geschichte immer wieder, daß Grundfragen der Philosophie, die sich auf die Natur beziehen, eigentlich Fragen der Physik oder anderer Naturwissenschaften sind."[89]

Ähnliche Kritik kann man auch den Wissenschaftstheoretikern entgegenbringen. Der berühmte Physiker und Philosoph, Carl Friedrich von Weizsäcker, warf den Wissenschaftstheoretikern – wie wir meinen zu Recht – vor, daß sie sich mit der Form, aber nicht mit dem Inhalt wissenschaftlicher Theorien befassen und daß sie die Wissenschaften nur in der Rückschau des Historikers analysieren.[90] Das ist natürlich aus Sicht der Philosophen auch verständlich. Denn wollte man z.B. über das Wesen von Raum, Zeit und Materie philosophieren, muß man zuerst Theoretische Physik studieren und deren moderne Theorien-Gebäude auch mathematisch voll verstehen lernen. Und das ist nicht jedem gegeben. Da glaubt man, in der Biologie einfacheren Zugang zu erhalten.

Im folgenden wollen wir uns dem Begriff des Gens auf rein naturwissenschaftlicher Basis nähern, und zugleich skizzieren, wie er sich entwickelte und mit dem Fortschritt der Erkenntnis änderte.[91]

Zumindest denjenigen unserer Vorfahren, die sich mit der Züchtung von Nutztieren und Nutzpflanzen befaßten, war seit Jahrtausenden bewußt, daß Eigenschaften von den Eltern auf die Nachkommen übertragen werden und daß man durch Selektion und Kreuzung bestimmte Merkmale verstärkt zur Ausprägung bringen kann. Erst dem Augustinermönch und Lehrer Gregor Mendel gelang es, den Erbgang von Einzelmerkma-

---

[88] s. z.B. Priest (2008), 221 ff.

[89] Honerkamp (2013), 68.

[90] v. Weizsäcker (2002), 622 ff.; ders. (1992), 322 ff., insbes. 326.

[91] Ohne in jedem Fall die Quelle anzugeben, greifen wir bei der Klassischen Genetik auf die Lehrbücher von Kühn (1950) und Bresch u. Hausmann (1970) zurück. Bezüglich des aktuellen Wissensstandes s. Lewin's Genes (2011) sowie ausgewählte Zeitschriftenartikel. Bezüglich der Ideengeschichte der Molekulargenetik s. Darnell (2011) und das wissenschaftshistorische Buch von de Chadarevian (2011).

len bei Gartenpflanzen in aufeinanderfolgenden Generationen zu verfolgen und das grundsätzliche Schema, nach dem dies geschieht, aufzuklären. Er veröffentlichte seine Ergebnisse in den Jahren 1865 und 1866; sie blieben aber bis zum Jahre 1900 von der Fachwelt unbeachtet. Was er fand, wollen wir an einem einfachen Beispiel erläutern:

Man kreuzt eine reinerbige rotblühende Pflanze mit einer, ebenfalls reinerbigen, weiß-blühenden Pflanze der gleichen Art. Dann erhält man in der ersten Generation der Nachkommen lauter rosa Pflanzen. Kreuzt man diese nun untereinander, so erhält man in der darauffolgenden Generation 25 % rote, 25% weiße und 50% rosa blühende Pflanzen. Mendel schloß daraus, daß es frei kombinierbare Erbfaktoren geben müsse, die für die Ausprägung der Blütenfarbe verantwortlich sind. Bezeichnen wir den Erb-faktor für Rot mit A und den für Weiß mit a, so ergibt sich folgendes Schema:

Parental-Generation   AA   X   aa   miteinander gekreuzt ergibt die

Erste Filial-Generation   Aa

Kreuzt man diese untereinander Aa   X   Aa   so erhält man zu gleichen Antei-
len

in der Zweiten Filialgeneration AA   Aa   aA   aa

Dabei steht AA für rot, Aa und aA für rosa und aa für weiß. In diesem Falle sind die beiden Erbfaktoren gleichwertig oder intermediär. Ist z.B. das Merkmal A gegenüber a dominant, so sind alle Blüten, die die Kombinationen Aa oder aA tragen, auch rot und nur die reinerbige Form aa weiß. Rosa gibt es dann nicht.

Wir wollen es bei diesem Beispiel belassen und festhalten, daß Mendel mit seinen Versuchen herausfand, daß es Erbfaktoren gibt, die einzelne Merkmale eines Lebewe-sens bestimmen und die bei der Übertragung auf die nächste Generation von beiden Elternteilen gleichwertig beigesteuert werden. Auch sind diese Faktoren– zumindest in den von ihm untersuchten Fällen – frei miteinander kombinierbar.

Im Jahre 1900 wurden seine Arbeiten „wiederentdeckt" und weitergeführt. es kam zu Beginn des 20. Jh. zu einer regelrechten Blüte der Klassischen Genetik. Die Erbfakto-ren wurden, dem Vorschlag des dänischen Botanikers Johannsen folgend, ab 1903 Ge-ne genannt, abgeleitet vom griechischen Wort „Pangenesis".[92] Man konnte die Vertei-lung der Gene auf die nächste Generation gemäß den Mendelschen Versuchen dadurch erklären, daß man die Gene auf den Chromosomen der Zellen lokalisierte. Eine Kör-perzelle hat einen doppelten Chromosomensatz, eine Zelle der Keimbahn nur einen einfachen. Kombinieren sich zwei Keimzellen, so entsteht wieder eine Zelle mit dop-peltem Chromosomensatz, mit je einem vom „Vater" und einem von der „Mutter". Liegt das eine Gen (z.B. „A") auf dem väterlichen und das andere (hier: „a") auf dem

---

[92] Wir folgen hier z.Tl. der sehr schönen historischen Darstellung bei Darnell (2011).

entsprechenden mütterlichen Chromosom, so werden die Beobachtungen Mendels dadurch erklärt. Weitere, bahnbrechende Versuche wurden von der Schule des amerikanischen Genetikers Th. H. Morgan an der Fruchtfliege Drosophila durchgeführt, die im einfachen Chromosomensatz nur vier verschiedene Chromosomen hat. Hier fand man folgende wichtige Erkenntnisse:

1. Nicht alle Gene sind frei rekombinierbar, sondern nur solche, die auf zwei unterschiedlichen Chromosomen sitzen. Jedes Chromosom beherbergt viele verschiedene Gene. In der Regel bilden diese Gene Kopplungsgruppen, die bei der Vererbung als Blöcke weitergegeben werden. Dabei entspricht jede Kopplungsgruppe einer Chromosomensorte.

2. Die Gene der Fruchtfliege bilden vier Kopplungsgruppen, die den vier Chromosomen entsprechen.

3. Bei der Zellteilung, die zur Ausbildung der Keimzellen mit einfachem Chromosomensatz führt, der Reduktionsteilung oder Meiose, kann es zu Chromosomenbrüchen und Neukombination von Stücken zwischen zwei Chromosomen gleicher Art kommen, zu sog. „Crossing-overs". Diesen Effekt kann man benutzen, um die Lage der Gene zueinander innerhalb einer Kopplungsgruppe zu bestimmen. Die Wahrscheinlichkeit, daß Gene bei einem derartigen Crossing-over voneinander getrennt und ausgetauscht werden, ist nämlich eine stetige (nicht unbedingt lineare) Funktion ihres räumlichen Abstandes voneinander. Auf diese Weise, und gestützt auf andere experimentelle Ergebnisse, gelangte man zur Aufstellung linearer Genkarten, welche die Positionen der Gene auf einem Chromosom zeigen, aufgereiht wie Perlen auf einer Schnur.

4. Von einem Gen gibt es nicht nur die beiden Formen A oder a, sondern viele Zwischenformen von A, A', A'', A'''……über a''', a'', a' bis a. Man nennt sie die Allele eines Gens.

5. Einzelne Allele eines Gens kann man durch Mutation erhalten, soweit eine Mutation nicht ein Gen völlig abschaltet. Mutationen treten mit von Gen zu Gen unterschiedlicher Wahrscheinlichkeit spontan auf. Durch ionisierende Strahlen oder chemische Einwirkungen kann man die Mutationshäufigkeit allgemein, nicht aber die Mutation einzelner Gene steigern.

Aufgrund dieser genauen Lokalisierbarkeit der Gene, der Ordnung, die ihrer Anordnung auf den Chromosomen zugrunde liegt, und dem Auftreten von Mutationen nach der Einwirkung ionisierender Strahlen kam den Forschern bereits früh die Einsicht, daß den einzelnen Genen materielle Strukturen entsprechen mußten.

Wir halten als Zwischenergebnis fest: Alle hier bisher geschilderten Erkenntnisse der Klassischen Genetik sind experimentell gesichert und damit nach wie vor gültig. Auch wenn sich später herausstellte, daß der molekulare Aufbau und der Wirkungsmechanismus der Gene komplizierter ist, als man ursprünglich dachte, bleibt davon die Tatsache der Existenz der in der Klassischen Genetik erforschten Gene und ihrer eindeutigen Lokalisierbarkeit auf den Chromosomen unberührt.

Tabelle 1: Molekül-Massen im Vergleich

Verbindung	Molekül-Masse (in Dalton[93])	Kettenlänge (bei Nukleinsäuren)
Glukose	180	
Laktose	342	
Insulin	6.300	
tRNA	30.000	73 bis 95 Nukleotide
Hämoglobin	63.000	
Fibrinogen	340.000	
Lambda-DNA	32×10^6	48.502 Basenpaare
E. coli DNA	3×10^9	4,6 Mio Basenpaare
DNA vom menschl. Chromosom 1	$1,7 \times 10^{11}$	256 Mio Basenpaare

Die chemische Natur der Gene lag in den ersten drei Jahrzehnten des 20. Jh. noch weitgehend im Dunkeln. Ein wesentlicher Grund war, daß die Chemiker den Begriff „Makromolekül" noch nicht kannten. Als in den 20er Jahren immer mehr Beweise für den hochmolekularen Charakter von Proteinen und Nukleinsäuren gefunden wurden, dauerte es noch mehr als ein Jahrzehnt, bis der Begriff „Makromolekül" allgemein akzeptiert wurde. Diese Beweise wurden auf verschiedenen Wegen von Physikern erbracht. Eine bedeutende Rolle spielte dabei die in den 20er Jahren von Th. Svedberg entwickelte Ultrazentrifuge. Die Tabelle 1 soll anhand der Molekül-Massen verschiedener Substanzen verdeutlichen, wie stark sich Makromoleküle von den bis dahin geläufigen niedermolekularen Verbindungen unterscheiden:

Da es zu weit führen würde, die gesamte Entwicklung mit allen ihren Irrwegen und Stolpersteinen nachzuzeichnen, wollen wir hier das Endergebnis bezüglich des chemischen Aufbaus der Nukleinsäuren und der Proteine skizieren, wie es sich uns seit den frühen 50er Jahren darstellt:

---

[93] Ein Dalton ist die Einheit der Atommasse. Diese ist so definiert, daß das häufigste Kohlenstoff-Isotop exakt die Masse 12 Dalton hat. Ein Dalton ist gleich $1,66 \times 10^{-24}$ Gramm.

a) Proteine sind langkettige Verbindungen aus (L)-α-Aminosäuren, die über Säure-Amid-Bindungen linear miteinander verknüpft sind.

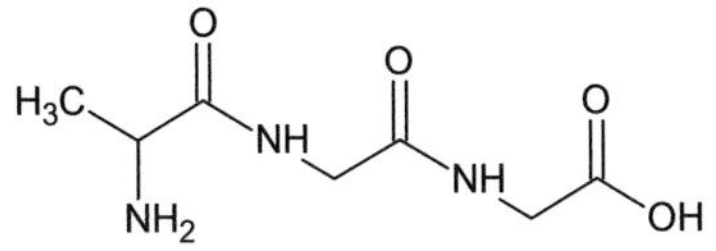

Abbildung 1: Tripeptid (Ala-Gly-Gly)[94]

Dabei kommen zwanzig verschiedene Aminosäuren als Proteinbausteine in Frage. Je nach Kettenlänge unterscheidet man zwischen niedermolekularen Oligopeptiden (Beispiel s. Abb. 1), den höhermolekularen Polypeptiden oder den hochmolekularen Proteinen. Entscheidend für die biologische Funktion jedes dieser Moleküle ist es, aus welchen der zwanzig Aminosäuren sie zusammengesetzt sind und – ganz wichtig! - in welcher Reihenfolge diese innerhalb des Kettenmoleküls angeordnet sind. Diese hochmolekularen Kettenmoleküle lagern sich jeweils zu einer ganz bestimmten dreidimensionalen Form zusammen, in welcher sie dann erst ihre biologische Funktion ausüben können.

b) Die Nukleinsäuren bestehen in ihrer Grundstruktur zuerst einmal aus einer linearen Abfolge von abwechselnd einem Zuckermolekül und einem Phosphorsäurerest, die über sog. Esterbindungen miteinander verknüpft sind. Bei der Desoxyribonukleinsäure (DNA) ist der Zuckerrest 2-Desoxy-Ribose, bei der Ribonukleinsäure (RNA) ist er Ribose

Abbildung 2: Ribose und 2-Desoxy Ribose.[95]

---

[94] Jeder Eckpunkt in dieser Graphik symbolisiert ein Kohlenstoffatom (C) mit bis zu 2 daran gebundenen Wasserstoff-Atomen (H). Ala = Alanin; Gly = Glycin.
[95] In diesen chemischen Formeln sind die Zuckermoleküle in ihrer natürlich vorliegenden Form als Laktonringe dargestellt. Jede Ecke in einer derartigen Struktur symbolisiert ein Kohlenstoffatom, wobei die daran noch gebundenen Wasserstoffatome nicht gezeigt werden. In mehr schematischer Schreibweise stellt sich die Ribose z. B. so dar:

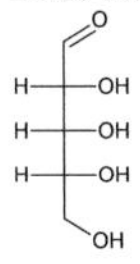

oder so

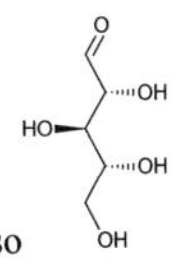

Die Numerierung der Kohlenstoffatome im Zuckermolekül erfolgt in dieser Schreibweise von rechts nach links von 1 bis 5.

Diese aus den abwechselnd miteinander verknüpften Zucker- und Phosphatresten bestehende lineare Struktur nennt man das Rückgrat der Nukleinsäure-Moleküle.

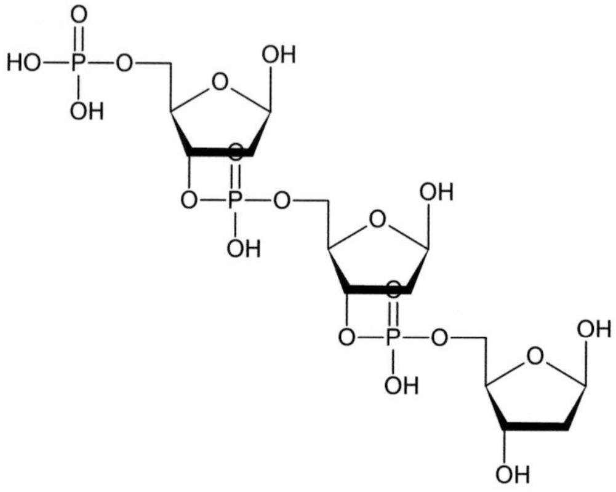

Abbildung 3: Zucker-Phosphat Rückgrat

An jedem Zuckerrest hängt dann noch an der Position 1 des Zuckers an Stelle der OH-Gruppe eine von vier heterozyklischen Verbindungen, im Falle der DNA

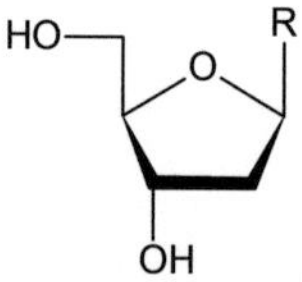

an der hier mit R bezeichneten Stelle.

Bei der DNA sind dies die basischen Verbindungen Adenin (A), Thymin (T), Guanin (G) und Cytosin (C). Drei dieser Basen, nämlich A, G, und C, finden sich auch in der RNA. Dort ist nur das Thymin durch Uracil (U) ersetzt worden.

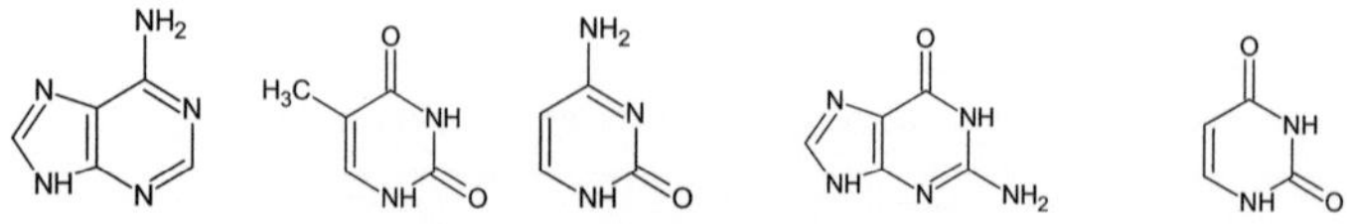

Abbildung 4: Die Nukleinsäure-Basen A, T, C, G und U

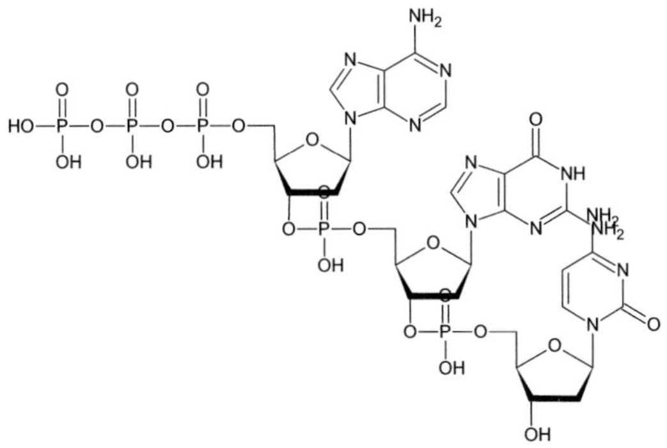

Abbildung 5: Ausschnitt einer DNA-Kette

Die Ribose und die Desoxy-Ribose haben jeweils 5 Kohlenstoffatome. Der Phosphatrest verbindet jeweils zwei Zuckerreste über OH-Gruppen zwischen dem 3'-Kohlenstoffatom[96] des einen und dem 5'-Kohlenstoff des anderen Moleküls. Eine Nukleinsäure-Kette erhält damit eine Richtung. An einem Ende steht eine freie 3'-OH-Gruppe, am anderen Ende ist die 5'-OH-Gruppe oft noch – von der Synthese her - mit einem Triphosphat-Rest verestert. Nukleinsäuren können nun Doppelstrang-Moleküle bilden, bei denen zwei derartige Makromoleküle schraubenförmig umeinander verdrillt sind. Sie werden durch zwischenmolekulare Bindungen zwischen jeweils einander gegenüberliegenden Basen zusammengehalten[97]. Das funktioniert nur, wenn bei der DNA immer ein Adenin einem Thymin gegenübersteht[98] und ein Guanin einem Cytosin.

Die beiden komplementären Stränge der DNA sind in der sogenannten DNA-„Doppelhelix" gegenläufig zueinander angeordnet, d.h. wo der eine Strang sein 5'-Ende hat, zeigt der komplementäre Strang sein 3'-Ende. Die Verlängerung eines Nukleinsäurestranges erfolgt immer dadurch, daß eine freie OH-Gruppe am 3'-Kohlenstoffatom des Zuckers mit einem Nukleosidtriphosphat unter Austritt von Pyrophosphat verestert wird. Das Wachstum vollzieht sich also von 5' zum 3'-Ende.

Es hatte sich nun gezeigt und konnte zweifelsfrei experimentell bewiesen werden, daß die DNA das Material darstellt, aus dem die Gene aufgebaut sind.[99] Sie liegt in lebenden Zellen in Form der beschriebenen Doppelhelix vor. So konnte man hochgereinigte DNA in Bakterienzellen hineinbringen und damit Genfunktionen übertragen, indem man mit Wildtyp-DNA, die alle natürlichen Gene voll funktionsfähig enthält, z.B. Mu-

---

[96] Die Kohlenstoffatome sind von 1 bis 5 numeriert. Um die Positionen am Zucker von denen an den Nukleinsäurebasen zu unterscheiden, tragen die Zuckeratome noch ein Apostroph. 5' bzw. 3' oder 2'. (Lies: „Fünf Strich" etc.)
[97] und noch durch Kräfte zwischen den nebeneinanderliegenden oder übereinanderliegenden Basen.
[98] bei der RNA ein Adenin einem Uracil
[99] Nur bei einigen Viren, zu denen auch viele humanpathogene Viren gehören, dient RNA als Gen-Material.

tationen rückgängig machte. Mit dieser Methode gelang es auch, die Anordnung der Gene auf einem Bakterien-„Chromosom" herauszufinden und Genkarten anzulegen. Auch gelang der Nachweis, daß zumindest einige Gene die Synthese von spezifischen Proteinen veranlassen, den sog. Enzymen, die im Zellstoffwechsel jeweils eine spezielle chemische Reaktion katalysieren. Man konnte z.B. bei einer bestimmten Mutation zeigen, daß ein ganz bestimmtes Enzym nicht mehr gebildet wurde. Wenn man nun in die entsprechende Bakterienzelle eine natürliche DNA (=Wildtyp-DNA) einbrachte, so wurde dies Enzym auf einmal wieder gebildet. Diese Erkenntnisse wurden in den frühen 40er Jahren rein empirisch gefunden, zu einem Zeitpunkt als man noch keine Vorstellung über die Raumstruktur von Proteinen und Nukleinsäuren hatte. Aber es setzte sich die Vorstellung durch, daß jedes Gen für die Synthese eines spezifischen Proteins verantwortlich sei. Wie das funktionieren sollte, wußte man allerdings noch nicht.

Der Durchbruch kam dann zu Beginn der 50er Jahren als Linus Pauling die Proteinstruktur aufklärte, Fred Sanger mit der Insulin-Synthese zweifelsfrei nachwies, daß die Spezifität eines Proteins oder Polypeptids von seiner exakten Aminosäure-Sequenz abhängt und – schließlich – Jim Watson und Francis Crick im Jahre 1953 die Struktur der DNA-Doppelhelix aufklärten.

Die Struktur der Doppelhelix erklärte sofort, wie bei einer Zellteilung die genetische Information an die beiden Tochterzellen weitergegeben wird: Das aus den beiden zueinander komplementären Strängen bestehende DNA Molekül (nennen wir die Stränge R und L) wird aufgedrillt und anhand der Vorlage des L-Stranges wird ein neuer R-Strang synthetisiert und anhand der des alten R-Stranges ein neuer L-Strang. Erinnern wir uns: Immer muß der Base A gegenüberliegend die Base T eingebaut werden, und umgekehrt. Das gleiche gilt für die Basen G und C. Von ihrer Sequenz her gesehen ähneln L- und R-Strang einander wie Bild und Spiegelbild. Der anhand des L-Stranges synthetisierte Strang entspricht somit dem „alten" R-Strang und umgekehrt, der am alten R-Strang synthetisierte neue Strang dem alten L-Strang.

Bezüglich der Funktion der DNA als Träger der genetischen Information verfestigte sich die Theorie, daß ein Gen als definierter Abschnitt auf der DNA über einen noch unbekannten Mechanismus zur Synthese einer Polypeptidkette Anlaß gibt. Auf eine Kurzform gebracht: „Ein Gen, ein Protein". Ende der 50er Jahre fand man, daß die Proteinbiosynthese an kleinen Zellorganellen, den Ribosomen, stattfindet, die aus einer Vielzahl verschiedener Proteine und einigen längeren spezifischen RNA-Molekülen bestehen, und daß dabei kleinere RNA Moleküle als Träger der Aminosäuren, der Bausteine der Proteine, eine wichtige Rolle spielen. Diese Moleküle heißen heute Transfer-RNA (t-RNA).

Die im folgenden skizzierten Forschungsergebnisse wurden an Bakterien gewonnen, Bereits bei Pilzen, wie der Bäckerhefe und vor allem bei höheren Organismen, sind die Abläufe – wie wir noch sehen werden – wesentlich komplizierter. Aber auch dort sind sie im wesentlichen bekannt, zumindest, was die Frage betrifft, die uns hier beschäftigt: „Was ist ein Gen?".

Wie gestaltet sich nun der Informationsfluß vom Gen in Gestalt eines definierten DNA-Abschnitts zum Ribosom? Hier gelang 1960 der Durchbruch mit der Entdeckung der „Boten RNA" (engl. messenger RNA, m-RNA). Diese ist eine exakte Kopie des Genabschnitts, der die Blaupause für die Proteinsequenz enthält. Die m-RNA wird an einem der DNA Stränge synthetisiert und weist über die Komplementarität der Nukleinsäurebasen die gleiche Basensequenz auf wie der zu dem als Muster („template") dienenden komplementäre DNA-Strang, nur daß anstelle von T jeweils U eingebaut ist. Auch die Messenger-RNA wird, wie die DNA, vom 5'-Ende zum 3'-Ende hin aufgebaut. Das 5'-Ende der mRNA enthält am Zucker keine freie OH-Gruppe, sondern ist mit drei Phosphorsäure-Resten als Triphosphat verestert. Der Abschnitt der DNA, der die genetische Information für die Messenger-RNA trägt, das „template", wird dabei vom 3'-Ende zum 5'-Ende hin abgelesen. Nach ihrer Synthese wandert die m-RNA zum Ribosom und wird dort zu einem Teil des Protein-Synthese-Apparats. Wir kommen noch darauf zurück.

Informationstheoretisch können wir sagen, daß die Information der Gene auf DNA Ebene in der Nukleinsäure-Sprache unter Verwendung der vier Buchstaben A, T, G und C niedergeschrieben ist. Bei der Synthese der m-RNA wird diese Information in einen anderen Dialekt der Nukleinsäure-Sprache, unter Austausch von T gegen U, umgeschrieben. Man spricht von Transkription. Wie kommt man nun zur Protein-Sprache, die mit ihren 20 verschiedenen Aminosäuren als Bausteine über 20 verschiedene Buchstaben (gleich „Wörtern") verfügt? Dazu muß die Natur die genetische Information von eine Sprache in die andere übersetzen. Man spricht hier von Translation. Man fand, daß die bereits erwähnten t-RNAs sozusagen die Wörterbücher für diesen Übersetzungsvorgang abgeben. Es gibt für jede Aminosäure (vereinfacht gesagt) eine spezifische t-RNA, die nur mit dieser Aminosäure und mit keiner anderen beladen werden kann. Jede t-RNA verfügt andererseits über eine Erkennungsregion mit deren Hilfe sie an genau der Stelle an der m-RNA bindet, welche die Information für den Einbau ihrer Aminosäure repräsentiert.

Um die Übersetzung von der Nukleinsäure-Sprache in die der Proteine zu gewährleisten muß es also einen Code geben, der diese Übertragung der Information steuert. Dieser Code wurde in der ersten Hälfte der 60er Jahre aufgeklärt und war 1966 fest etabliert

An dieser Stelle müssen wir wieder einen Abstecher in die Informationstheorie machen. Allgemein gilt für alle Sprachen: Hat man ein Alphabet aus X verschiedenen Zeichen, so kann man

$$Z = X^n$$

verschiedene Wörter bilden, die jeweils die Länge von n Buchstaben haben. In der Nukleinsäure-Sprache haben wir nun ein Alphabet aus vier Buchstaben. Um in dieser Sprache Ausdrücke für 20 verschiedene Aminosäuren zu finden, benötigen wir eine Wortlänge, die uns die Bildung von mindestens 20 verschiedenen Wörtern erlaubt. Dies ist gegeben mit einer Wortlänge von mindestens 3 Nukleinsäure-Basen. Das ergibt einen Sprachumfang von 64 Wörtern, denen die 20 Wörter (in diesem Fall identisch mit der Anzahl der Buchstaben) der Proteinsprache gegenüber stehen. Diese Annahme erwies sich als richtig. Man konnte 61 Wörtern dieses „Triplett Codes" jeweils eine Aminosäure zuordnen[100], wobei umgekehrt auf jede Aminosäure bis zu 6 verschiedene Code-Wörter der Nukleinsäure-Sprache entfallen. Das heißt, daß der Code redundant ist. Der Code wurde im Laufe der 60er Jahre zuerst beim Bakterium E. coli gefunden. Es stellte sich aber heraus, daß er im Bereich der lebendigen Welt universelle Bedeutung hat. Allerdings hat er „Dialekte", indem in verschiedenen Spezies das eine oder andere Codon für eine Aminosäure gebräuchlicher ist als in einer anderen Spezies, und damit auch die entsprechende t-RNA häufiger oder seltener vorkommt.[101] Bereits 1958 postulierte Francis Crick das „Zentrale Dogma" der Molekularbiologie, daß nämlich der Informationsfluß bei der Translation nur in eine Richtung verlaufen könne, nämlich von der Nukleinsäure zum Protein, und niemals andersherum. Yockey[102] weist zu Recht darauf hin, daß dies kein molekularbiologisches „Dogma" ist sondern die selbstverständliche mathematische Eigenschaft eines redundanten Codes. Ein Übergang zwischen zwei Alphabeten in beide Richtungen ist nur möglich, wenn beide Alphabete isomorph sind, d.h. jeweils die gleiche Anzahl von Wörtern enthalten, so daß einem Begriff innerhalb des einen Alphabets jeweils eindeutig der entsprechende Begriff im anderen Alphabet zugeordnet werden kann. Das ist der Fall beim Übergang von der DNA-Sprache in die RNA-Sprache. Entsprechende Sequenzen können in der Natur und im Labor unter Verwendung dafür zuständiger Enzyme in beiden Richtungen problemlos übertragen werden. Sind die Alphabete nicht isomorph, wie beim Übergang von der Nukleinsäure-Sprache zur Protein-Sprache, so ist es nur möglich vom redundanteren Alphabet zum weniger redundanten zu übersetzen, also von der Nukleinsäure-Sprache in die Protein-Sprache. In der Gegenrichtung ist keine eindeutige Zuordnung möglich.

An dieser Stelle müssen wir innehalten und uns einer Erweiterung des Gen-Begriffs stellen: Einerseits bewirkt eine Sorte von Genen die Synthese einer jeweils spezifischen Messenger-RNA und mit deren Hilfe die Synthese eines spezifischen Proteins. Andere Gene bewirken aber auch die Synthese ganz spezieller RNA-Moleküle, denen

---

[100] Das Triplett AUG kodiert die Aminosäure Methionin und signalisiert gleichzeitig in einer Doppelfunktion den Beginn einer Polypeptid-Kette (Start-Codon). Die Tripletts UAA (ochre), UAG (amber) und UGA (opal) sind STOP-Signale für das Ende einer Polypeptidkette.
[101] Das spielt eine Rolle beim genetic engineering, wenn man ein Gen aus einem Organismus auf einen anderen einer unterschiedlichen Spezies übertragen und dort zum Funktionieren bringen will.
[102] Yockey (2005), 20 ff.

eine eindeutige Funktion im Zellstoffwechsel zukommt, wie Transfer-RNAs oder Ribosomale RNAs.

Die Geschichte wird aber noch komplizierter. Bereits im Jahre 1956 fand die Forschergruppe um J. Monod und F. Jaccob in Paris, daß die Expression von Genen oder auch von ganzen Gruppen von Genen, die für die Synthese verschiedener Enzyme einer ganzen Stoffwechselkette verantwortlich waren, je nach Bedarf an- oder abgeschaltet werden können. Coli-Bakterien, die auf einem Medium mit Glukose als einziger Kohlenstoffquelle wachsen, benötigen z.b. nicht die Enzyme, die für die Verwertung des Zuckers Laktose erforderlich sind. Die Synthese dieser Enzyme ist daher, um „Baumaterial" und Energie zu sparen, unter diesen Bedingungen abgeschaltet. Setzt man die Bakterien nun von dem Glukose-Medium auf ein Medium um, das nur Laktose als Kohlenstoffquelle hat, beginnen sie sofort, die für den Laktose-Abbau benötigten Enzyme herzustellen. Transferiert man die Bakterien wieder zurück in das Glukose-Medium, wird die Synthese der „Laktose-Abbau-Enzyme" nach nur wenigen Minuten wieder völlig eingestellt.[103] Diese und weitere Experimente führten letztlich zur Entdeckung der Messenger-RNA und weiterer Regulationsmechanismen. Heute stellt sich das so dar:

Für die Verwertung von Laktose durch Coli-Bakterien sind drei Enzyme nötig, die ß-Galaktosidase und noch zwei weitere. Die Gene für diese Enzyme liegen hintereinander auf der DNA. In Ableserichtung ihnen vorgeschaltet ist ein Abschnitt der DNA, der allein dazu dient, die Synthese dieser drei Enzyme zu regulieren. In diesem Bereich liegt die sogenannte Promotor-Sequenz, an welche die RNA-Polymerase andockt, um die Messenger-RNA zu synthetisieren. Zwischen diesem Abschnitt und den abzulesenden Genen liegt ein Bereich, Operator genannt, an den ein von einem getrennten Gen kodiertes Protein angelagert ist, der lac-Repressor. Dieser blockiert die Genablesung, solange keine Laktose da ist. Gelangt Laktose ins Nährmedium, so bindet ein Laktose-Molekül an den Repressor und veranlaßt bei ihm eine Strukturänderung. Er kann dadurch nicht mehr an die DNA binden und gibt somit den Weg frei für die RNA-Polymerase. Messenger-RNA wird gemacht, die Enzyme werden synthetisiert und das Bakterium kann Laktose verwerten. Ist die Laktose verbraucht, oder werden die Bakterien auf ein Laktose-freies Medium umgesetzt, kann der Repressor wieder die Genablesung blockieren. Die noch vorhandene Messenger-RNA wird binnen weniger Minuten von entsprechenden Enzymen zerstört. Es werden keine Laktose-Abbau-Enzyme mehr gebildet.

Den gesamten Verbund aus Regulatorsequenzen und Enzym-codierenden Genen, der für einen zusammenhängenden Abschnitt im Stoffwechsel verantwortlich ist, nennt man ein Operon. Den soeben beschriebenen DNA-Abschnitt nennt man das Laktose-

---

[103] Diese Ergebnisse wurden in der historischen „PaJaMa"-Publikation beschrieben: AB Pardee, F Jacob, J.Monod (1959), *The genetic control and cytoplasmic expression of „inducibility" in the synthesis of ß-galactosidase by E. coli*, J. Mol. Biol. 1, 165-178.

Operon. Hier wird die Enzymsynthese durch den anwesenden Metaboliten Laktose induziert. Man kennt aber im Stoffwechsel der Bakterienzellen auch andere Mechanismen, z.B. den, wo ein Stoffwechselprodukt, wenn es in genügender Menge gebildet wurde, die Abschaltung seiner Synthese-Gene bewirkt. Es bindet dabei an ein frei schwimmendes Protein, das dadurch seine Struktur so ändert, daß es an den entsprechenden diese Gene regulierenden Operator bindet und damit die Messenger-RNA Synthese hemmt. Das ist dann die Genregulation durch Repression oder Endprodukt-Hemmung.

Inzwischen hat man viele derartige und ähnliche Regelmechanismen im Zellstoffwechsel aufgeklärt. Allen ist gemeinsam, daß spezifische Proteine von eigens dafür zuständigen Genen gebildet werden, deren alleinige Aufgabe darin besteht, die Ablesung anderer Gene an- oder abzuschalten oder zu modulieren.

Wir können also als Zwischenergebnis festhalten, daß Gene nicht nur die Synthese von Produkten kodieren, die aktiv im Stoffwechsel tätig sind, wie Enzyme, Transfer-RNA und Ribosomale RNA, sondern auch Proteine, die andere Gene regulieren. Auf der Ebene der DNA gibt es andererseits nicht nur Gene, die direkte Produkte kodieren, sondern Abschnitte, deren Aufgabe darin besteht, die Aktivität der nachgeschalteten Gene zu regulieren helfen. Diese besteht darin, daß Regulator-Moleküle dort binden können.

Bisher haben wir (und so verlief auch der Gang der Forschung) die Verhältnisse in relativ einfachen Mikroorganismen, den Bakterien, betrachtet. Diese sind einzellig und besitzen noch keinen Zellkern. Der Biologe rechnet sie daher zu den Prokaryonten. Betrachtet man nun „höhere Organismen", die einen Zellkern besitzen, sogenannten Eukaryonten, so wird die Situation wesentlich komplizierter. Dies gilt bereits für einzellige Eukaryonten, wie die Bäckerhefe, besonders aber auch für alle vielzelligen Organismen bis hin zum Menschen.

Die Erforschung der molekularen Genetik vielzelliger Organismen wurde erst möglich, als es gelang, entsprechende Zellkulturen anzulegen und zu vermehren. Die ersten waren L-Zellen von Mäusen und vor allem die menschliche Zell-Linie der HeLa-Zellen[104], die bis heute in der biochemischen und molekularbiologischen Forschung der Eukaryonten etwa die Position einnimmt, die das Bakterium Escherichia coli bei den Prokaryonten inne hatte. Eine entscheidende Rolle spielten auch humanpathogene Viren, vor allem das Adenovirus, sowie physikalische Techniken, wie die Vermessung von DNA-RNA-Hybriden im Elektronenmikroskop. Fortschritte in der DNA-Sequenzierung, der computergestützten Bioinformatik, dem gezielten Genaustausch und der Analyse von

---

[104] Von dem Cervix-Carcinom einer jungen Frau namens Henrietta Lacks, die daran Anfang der 50er Jahre verstarb. Allerdings scheinen die heutigen HeLa-Zellen von der ursprünglichen Zelllinie genetisch stark abzuweichen: s. z.B. Henry H. Heng (2013), Nature 501, 167.

Proteingemischen über Massenspektroskopie beschleunigten die Entwicklung in den vergangenen Jahren weiter.

Wie bereits gesagt, sind das Aufrufen und die Ausprägung der genetischen Information bei Eukaryonten unvergleichlich komplizierter als bei Bakterien. Die DNA ist im Zellkern – zusammen mit spezifischen Proteinen, den Histonen, als „Verpackungsmaterial" – in den Chromosomen verpackt. Ein abzulesendes Gen muß erst einmal in dieser Verpackung, dem Chromatin, gefunden und dann ausgepackt werden. Dann muß die Information in eine RNA-Sequenz transkribiert und aus dem Zellkern in das Cytoplasma verfrachtet werden. Die dabei ablaufenden Vorgänge sind gut bekannt. Die Mechanismen sind detailliert erforscht, z.Tl. hat man bei wichtigen Reaktionsschritten sogar den Aufbau der aktiven Reaktions-Komplexe mit Röntgenstruktur-Analyse untersucht.

Betrachten wir zuerst einmal die DNA-Abschnitte des Eukaryonten-Genoms, welche Information zur Synthese von Proteinen enthalten. Sie geben – wie bei Prokaryonten – Anlaß zur Bildung von Messenger-RNA, die dann ihrerseits an den Ribosomen[105] die Proteinbiosynthese steuert. Deren Mechanismus läuft hier im Prinzip genauso ab, wie bei Prokaryonten. Grundsätzlich unterscheidet sich aber der Weg, den die Information von der DNA zur m-RNA nimmt. Während bei Prokaryonten die m-RNA in ihrer Sequenz dem entsprechenden DNA-Stück entspricht (Kolinearität), ist dies bei Eukaryonten nicht mehr der Fall. Auch enthält bei Eukaryonten jede m-RNA nur die Information für ein Protein, während bei Prokaryonten eine m-RNA die Information für mehrere in einem Operon zusammengefaßte Proteine (Enzyme) tragen kann.

Die Bildung der m-RNA erfolgt bei Eukaryonten in mehreren Schritten:

1. Zuerst wird das abzulesende Gen aus dem Chromatin-Verbund freigelegt.

2. Dann dockt die RNA-Polymerase-II[106] an der Start-Position an.

3. Dann beginnt die Synthese einer Prä-Messenger-RNA. Diese wird gleich nach Synthese-Beginn am 5'-Ende des Zucker-Phosphat-Rückgrats mit einer komplizierten Schutzgruppe versehen, um sie vor RNA-abbauenden Enzymen zu schützen.

4. Die Prä-Messenger-RNA ist kolinear mit dem entsprechenden DNA-Stück. Sie enthält jedoch die genetische Information für das zu bildende Protein – genauso wie die DNA – nicht in einem zusammenhängenden Stück. Der „Text" ist vielmehr durch Abschnitte nicht-kodierender Sequenzen unterbrochen. Man nennt die „sinnvollen Text" enthaltenen Teile <u>Exons</u> und die zwischengelager-

---

[105] Die Eukaryonten-Ribosomen unterscheiden sich charakteristisch von denen der Prokaryonten, jedoch nicht grundsätzlich.
[106] Bei Eukaryonten unterscheidet man drei RNA-Polymerasen, die ihr Entdecker I, II und III nannte, gemäß der Reihenfolge, in der sie bei einer säulenchromatischen Trennung die Chromatographie-Säule verließen.

ten informationslosen Abschnitte <u>Introns</u>. Eine typische Prä-Messenger-RNA enthält 7 bis 8 Exons. Das Ausmaß dieser Unterbrechung der Gene durch Introns korreliert mit dem Entwicklungsstand eines Organismus. Bei der einzelligen Bäckerhefe enthalten nur wenige Gene Introns, beim Menschen sind es die meisten. Auch sind die Introns in der Regel länger als die Exons. Auch in Prokaryonten findet man vereinzelt unterbrochene Gene, allerdings extrem selten.

5. Noch während die Synthese der Prä-Messenger-RNA weiterläuft, lagern sich bereits sogenannte Spliceosomen an, mit deren Hilfe die Introns aus der RNA herausgeschnitten werden und die Exons in der Reihenfolge, in der sie ursprünglich vorlagen, miteinander verknüpft werden.

6. Ist dies geschehen, erkennt der Synthese-Apparat dies anhand einer bestimmten Basensequenz am 3'-Ende der Kette (es ist die Sequenz: AAUAAA). An diesem Sequenz-Ende werden nun mit Hilfe spezieller Enzyme weitere Adenylat-Reste angebaut, bis am Ende ein poly-(A)-Schwanz aus bis zu 200 Adenylat-Resten entsteht. Dadurch wird das 3'-Ende vor Degradation durch RNA-abbauende Enzyme geschützt. Die so fertiggestellte Messenger-RNA wird ins Cytoplasma transferiert. Sie ist im Gegensatz zu den m-RNAs bei Prokaryonten, relativ langlebig.[107]

7. Die verschiedenen Exons einer Prä-Messenger-RNA können in unterschiedlicher Weise miteinander verbunden werden, allerdings immer nur in der Positionsrichtung, in der sie in der RNA vorliegen. So kann z. B. Exon 1 mit 2 und 3 verknüpft werden, oder Exon 2 mit 6 und 7. Die jeweils entstehenden Messenger-RNAs enthalten dann unterschiedliche Bauanleitungen für die letztlich resultierenden Proteine. D.h. aus der Information einer Prä-Messenger-RNA können mehrere unterschiedliche Proteine gebildet werden.

Heute bezeichnet man den Abschnitt auf der DNA, der einer Prä-Messenger-RNA entspricht als ein Gen. Ein Gen kann also mehrere Genprodukte kodieren. Beim Menschen gilt das für mehr als 60 % seiner Gene.

Die einzelnen Reaktionsschritte, die von der Genablesung letztlich zur Messenger-RNA führen, sind äußerst komplex. Jeder einzelne Schritt erfordert Dutzende bis hunderte spezifischer Proteinmoleküle, die in ganz gezielter Weise miteinander und mit der Nukleinsäure wechselwirken müssen. So besteht z.B. der Initiations-Komplex, der es der RNA-Polymerase erst erlaubt, mit der Arbeit zu beginnen, al-

---

[107] Messenger-RNAs werden in den Zellen unter der Wirkung RNA-abbauender Enzyme, der RNasen, zerstört. Die damit verbundene Inaktivierung folgt einer logarithmischen Funktion, die durch eine Halbwertszeit charakterisiert ist. Diese Halbwertszeit ist für jede Art von m-RNA spezifisch. Bei Prokaryonten ist sie im Durchschnitt 1 bis 3 Minuten, bei Eukaryonten kann sie mehrere Stunden betragen. Die Stabilitätsunterschiede verschiedener m-RNAs sind durch stabilisierende bzw. destabilisierende Sequenzen nahe dem 3'-Ende bedingt, die keine Proteinseqquenzen kodieren, sondern denen eine reine Regelfunktion zukommen, den sog. 3'-UTR.

lein aus mehr als 30 verschiedenen Proteinen. Das Spliceosom enthält 141 spezifische Proteine und zusätzlich noch 5 kleinere Ribonukleinsäuren (snRNA)[108], denen beim Zusammenfügen der einzelnen Exons eine katalytische Rolle zufällt. Zu dieser Vielfalt an Proteinen kommen noch hunderte weitere, die für die Regulation der Genexpression zuständig sind.

Wie wir bereits bei den Bakterien sahen, kodieren nicht alle Gene für Proteine, sondern etliche von ihnen stehen für im Stoffwechsel aktive RNA-Moleküle, wie ribosomale RNAs, tRNAs oder die verschiedenen kurzen oder längeren RNAs mit rein regulatorischer Funktion. Bei Eukaryonten synthetisiert die RNA-Polymerase I die ribosomale RNA, während die RNA-Polymerase III tRNAs und kleinere RNAs generiert. Auch hier erzeugen die Polymerasen zuerst Vorläufer-RNAs, die dann mit Hilfe der Spliceosomen und spezieller Enzyme zu den aktiven Endprodukten umgewandelt werden.

Hier können wir innehalten und erneut definieren, was ein Gen ist:

Ein Gen ist jeweils ein Abschnitt auf der DNA, der von einer RNA-Polymerase zu einem Primärtranskript abgelesen wird. Bei Prokaryonten ist dieses Primärtranskript, wenn die Genprodukte Proteine sind, direkt die m-RNA. Diese kodiert entweder ein einzelnes Protein oder eine Reihe von funktional zusammenwirkenden Proteinen (Operon), Bei Eukaryonten findet eine weitere Bearbeitung des Primärtranskripts statt, aus dem dann mehrere verschiedene m-RNAs entstehen können. Ist das Endprodukt eine RNA (tRNA, ribosomale RNA), so findet in jedem Fall, bei Prokaryonten und bei Eukaryonten, eine weitere Bearbeitung des Primärtranskripts statt. So liegen z.B. bei den rrm-Operons der Coli-Bakterien die Blaupausen für ein bis zwei tRNAs und alle drei ribosomalen RNAs hintereinander auf dem selben Primärtranskript.

Diese Definition des Gens als das dem Primärtranskript entsprechende DNA-Stück stellt eine Momentaufnahme dar. Der Gen-Begriff ist nicht fest definiert. Er unterliegt vielmehr, abhängig vom wissenschaftlichen Fortschritt, einem steten Wandel. Bezeichnenderweise vermeidet es ein Standard-Lehrbuch der Molekulargenetik, in seinem Glossarium, den Genbegriff zu definieren.[109] In diesem Buch, das in der 10. Auflage von einem Autorenkollektiv weitergeführt wird, findet man die Aussage, daß die Definition eines Gens „ein bewegtes Ziel" sei.[110] Offenbar sind sich die Autoren dieses Lehrbuches auch nicht einig, was ein Gen sei. So findet man dort neben unserer Definition (S. 81, 99 und 594) auch Definitionen, die feststellen, daß

---

[108] „small nuclear RNA".
[109] Auch in der Aufsatzsammlung zum Gen-begriff von Beurton et al. (2000) sucht man im Glossarium vergeblich nach dem Begriff „Gen".
[110] *„The definition of a „gene" is a moving target"*, Krebs et al. (2011), 99.

eine Transkriptions-Einheit (=Primärtranskipt) mehrere Gene kodiert (S. 4, 507 und 610).

Diese Unsicherheit unter den Fachleuten tangiert aber nicht die Aussagen der klassischen Genetik über das Gen. Die Mendelschen Gesetze sind immer noch gültig, die Gene der Fruchtfliege Drosophila liegen immer noch wie die Perlen auf einer Schnur in gleicher Reihenfolge auf den einzelnen Chromosomen und die Gene der Coli-Bakterien finden sich geordnet nebeneinander auf dem Bakterienchromosom. Das „Gen" der klassischen Genetik ist zwar real und experimentell nachgewiesen. Es erscheint jedoch vielen Forschern, die in sein Inneres schauen, als eine „black box".

Je tiefer die Wissenschaft in das molekulare Geschehen eindringt, desto mehr offene Fragen bleiben. So zeigte sich bei der Sequenzierung des menschlichen Genoms, daß nur etwa 1 % seiner DNA Exons, also Protein-kodierende Sequenzen sind. Die Introns dieser Gene machen weitere 24 % der menschlichen DNA aus. Der Rest des Genoms besteht aus DNA, der man zuerst keine Funktion zuordnen konnte, sog. nicht-kodierender oder „Junk (=„Müll")-DNA". Diese enthält ihrerseits sich wiederholende Sequenzen und sog. Transposons, die allein 45 % der gesamten DNA des Menschen ausmachen.

Es zeigt sich aber zunehmend, daß dieser „Junk-DNA" doch Funktionen zukommen. Z.B. liegen hier die Gene für eine steigende Zahl von neu entdeckten RNA-Molekülen, denen eine rein regulierende Funktion zukommt. Je höher entwickelt ein Organismus ist, desto ausgefeilter sind die Regelmechanismen, die seinen Stoffwechsel ordnen. In einem internationalen Großprojekt, dem „Encyclopedia of DNA-Elements (ENCODE)" Projekt, an dem 442 Wissenschaftler in 32 Instituten bisher 10 Jahre gearbeitet haben, hat man sich dem nicht-kodierenden Anteil der menschlichen DNA angenommen. Es zeigte sich, daß man bisher 80 % des menschlichen Genoms biochemisch faßbaren Funktionen zuordnen kann. Dabei scheint der Großteil der vorhandenen genetischen Information für Regelvorgänge verantwortlich zu sein, die von speziellen RNA-Molekülen oder von spezifischen Regionen auf der DNA wahrgenommen werden (Promotor-Sequenzen etc.). Nur ein ganz geringer Teil des Genoms steht für die Synthese von „klassischen" Teilnehmern am Zellstoffwechsel, wie Proteinen, tRNAs etc., zur Verfügung. Zudem liegen viele mit Krankheiten assoziierte Gendefekte [in Gestalt von sog. „Single Nucleotide Polymorphisms (SNP)"] außerhalb von Protein-kodierenden Exons.[111] Andere Forscher kommen aufgrund ihrer Experimente zum Schluß, daß das menschliche Genom über etwa 500.000 Startpunkte für die Ablesung von RNA-

---

[111] Zugang zu frei verfügbaren Publikationen erhält man über www.encodeproject.org/ENCODE/pubs.html . S. besonders: The ENCODE Project Consortium (2012), *An integrated encyclopedia of DNA elements in the human genome,* Nature 489, 57-74; E. Pennisi (2012), *ENCODE project writes eulogy for junk DNA,* Science 337, 1159-1161.

Transkripten verfügt (Promotor-Initiations-Komplexe). Das entspräche etwa 20 mal so vielen Transkripten, wie sie für die Proteine der menschlichen Zellen nötig wären. Die Differenz, d.h. ca. 470.000 bis 480.000 Transkripte, hätte also eine reine Regelfunktion[112]

Eine am ENCODE-Projekt beteiligte Gruppe schlägt vor, die einzelnen RNA-Transkripte als grundlegende „atomare" Einheiten der Vererbung anzusehen, „Gene" hingegen als Konzepte höherer Ordnung – evtl. sogar losgelöst von ihrer Lokalisierung auf dem Genom – auf der Basis ihrer phänotypischen Ausprägung zu definieren.[113] Damit kämen wir wieder nahe an den Gen-Begriff der klassischen Genetik.

Man sieht daraus, daß sich die Grundlagenforschung im Bereich der Molekularen Genetik intensive Gedanken macht zum Begriff „Gen". Wir können wohl getrost den Fachleuten vertrauen, daß sie jeweils den ihrem aktuellen Forschungsstand gemäßen Gen-Begriff definieren und letztendlich eine Definition finden, die alle Aspekte berücksichtigt. Maßgebend sind hier allein die Erkenntnisse der experimentell arbeitenden Naturwissenschaftler. Für den Fortschritt der Molekular-Genetik ist es jedenfalls – da geben wir H.-J. Rheinberg Recht – irrelevant, wie präzise oder unpräzise das „Gen" definiert ist.

---

[112] Bryan J. Venters u. B. Franklin Pugh (2013), *Genomic organization of human transcription initiation complexes,* Nature, 502, 53-58.
[113] Sarah Djebali et al. (2012), *Landscape of transcription in human cells,* Nature 489, 101-108.

Von Zwillingen und Chimären

Eineiige Zwillinge entstammen letztlich derselben befruchteten Eizelle. Im Englischen heißen sie auch „Identische Zwillinge" (identical twins). Von ihrer Herkunft her – abgeleitet aus einer einzigen Zelle – sind sie genetisch einander gleich, d.h. von der Summe ihrer Gene, dem Genom, her sind sie wirklich „identisch". Mit einem forensischen DNA-Test kann man nicht zwischen ihnen entscheiden. Das bereitet unlösbare Probleme, wenn in einem Kriminalfall der Tatverdächtige einen eineiigen Zwilling hat.[114] Wie wir aber alle wissen, sind auch eineiige Zwillinge zwei verschiedene Persönlichkeiten, die sich auch gegenseitig als das ICH und das DU unterscheiden. Zudem findet man bei ihnen, wenn man ganz genau hinschaut, auch geringe Unterschiede im körperlichen Phänotypus. Ihre Fingerabdrücke sind z.B. verschieden. Offenkundig ist allein durch die Gene die Individualität eines Menschen nicht gegeben. Dies gilt, wie wir noch sehen werden ganz allgemein für alle Lebewesen. Es ergeben sich hier spontan folgende Fragen:

1. Welche Faktoren sind noch für die Ausprägung unserer Individualität verantwortlich, außer den Genen ?

2. Wenn wir einen neugeborenen Menschen in einem Gedankenexperiment bis zur befruchteten Eizelle zurückentwickeln könnten und dann den Prozeß der Embryonalentwicklung neu ablaufen ließen: Würde dann der ursprünglich zurückentwickelte Mensch entstehen, oder nur sein eineiiger Zwilling ?

3. Wenn bei diesem Gedankenexperiment nur der eineiige Zwilling entstünde und nicht erneut das ursprüngliche Individuum, so würde das bedeuten, daß aus der Sicht eines eineiigen Zwillings betrachtet, es eine Vielzahl von Möglichkeiten geben muß, wie die Identität seines Zwillingsbruders oder die ihrer Zwillingsschwester beschaffen sein kann.

Zum Glück sind derartige Experimente nicht möglich. Es sind reine Gedankenspiele. Molekularbiologen haben aber an Modell-Organismen einfache Versuche und Beobachtungen getätigt, die uns hierbei gedanklich weiterhelfen. Um das Ergebnis vorwegzunehmen: Die Entwicklung von der befruchteten Eizelle bis hin zur Geburt verläuft offenbar nicht exakt und im Detail nach den vom Genom vorgegebenen Regeln. Es spielen vielmehr bei jedem Einzelschritt innerhalb der Embryonalentwicklung auch zufällige Ereignisse, die nicht steuerbar sind, eine Rolle. Wie die Wissenschaftler sagen: Die Embryonalentwicklung folgt einem stochastischen Prozeß.

---

[114] Kürzlich wurden in einer aufwendigen Studie geringe genetische Unterschiede zwischen eineiigen Zwillingen gefunden, als Punktmutationen, sog. „Single Nucleotide Polymorphisms (SNP)", bei denen einzelne Nukleinsäure-Basen durch andere ausgetauscht sind. Die phänotypischen Unterschiede zwischen den Zwillingen erklären diese geringen Unterschiede jedoch nicht: J. Weber-Lehmann et al. (2014), *Finding the needle in the haystack. Differentiating „identical" twins in paternity testing and forensic by ultra-deep next generation seqquencing,* Forensic Science International: Genetics 9, 42-46.

Die Entwicklung eines Embryos im Mutterleib würde dann so wie in Abbildung 1 schematisch gezeigt wird ablaufen. Ausgehend von der genetisch klar definierten befruchteten Eizelle, die hier als Punkt dargestellt ist, läuft über viele Einzelschritte (Zellteilungen, Zelldifferenzierung, Organbildung etc. etc.) ein komplexer Entwicklungsprozeß ab. Bei jedem Einzelschritt kann es zu zufallsbedingten Varianten kommen, die sich dann im Laufe der Entwicklung auch noch verstärken können. Damit macht die Entwicklung, wenn sie mit der Geburt abgeschlossen ist, keine „Punktlandung", sondern sie endet irgendwo in einem Bereich zwischen den Grenzen A und B.[115] D.h. einer genetisch eindeutig bestimmten befruchteten Eizelle entspricht eine Vielzahl sehr ähnlicher aber doch voneinander verschiedener phänotypischer Ausprägungen beim Neugeborenen. Und was ganz wichtig ist: Die Gene bestimmen nur, daß der Entwicklungsprozeß irgendwo zwischen den Grenzen A und B endet, wo er im Detail „landet" ist dem Zufall überlassen.

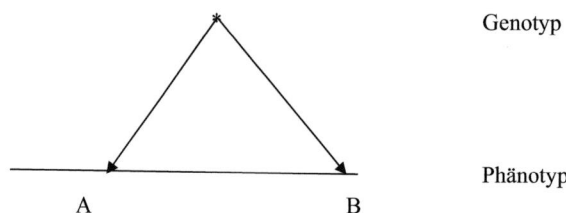

Genotyp

Phänotyp

A   B

Abbildung 1: Ausgehend von einem klar definierten Genotyp gibt es innerhalb der Grenzen A und B eine Vielzahl unterschiedlicher Phänotypen.

Klärung dieser Zusammenhänge brachten, wie bereits angedeutet, Modellversuche der Molekularbiologen in einfachen Systemen. Diese wurden an Bakterien durchgeführt nachdem man bereits früh beobachtet hatte, daß sich Bakterienkulturen, die eigentlich genetisch vollkommen homogen sein sollten, in manchen Ausprägungen von Eigenschaften inhomogen verhielten. Zuerst müssen wir klären, wie eine genetisch homogene Bakterienkultur definiert ist und wie man dazu gelangt.

Man verdünnt eine Bakteriensuspension in flüssigen Nährmedium soweit, daß in einem Tropfen Flüssigkeit nur wenige Bakterien anzutreffen sind. Davon verteilt man einen Tropfen auf einer Agar-Platte mit festem Nährmedium und dann bebrütet man die Agar-Platte im Brutschrank. Man erhält so auf der Agar-Platte verstreut einige wenige Bakterienkolonien von jeweils der Größe eines Stecknadelkopfes. Alle Bakterienzellen einer solchen Kolonie stammen von einem einzigen Bakterium der ursprünglichen Verdünnung ab. Sie alle sind genetisch untereinander identisch, oder wie der

---

[115] Dabei ist allerdings klar, daß aus einer befruchteten menschlichen Eizelle immer ein Mensch entsteht, der eindeutig als Kind seiner Eltern identifizierbar ist.

Fachmann sagt, isogen. Man spricht hier auch von einem Bakterien-Klon; oder wenn man daraus eine neue Kultur anlegt, von einer monoklonalen Bakterienkultur. Eine solche erhält man, wenn man mit einem Teil des Bakterienklons neues Nährmedium animpft und bebrütet.

Im Jahre 1976 untersuchten Spudich und Koshland[116] individuelles Verhalten der einzelnen Bakterienzellen in einer derartigen Kultur systematisch. Sie verwendeten dazu eine Eigenschaft von Bakterien, die man Chemotaxis nennt. Bakterien können Konzentrationsunterschiede von Nährstoffen oder auch die von Giften in ihrer Umgebung erkennen und sich auf eine höhere Konzentration von Nährstoffen zubewegen oder von Giften fortbewegen. Das erreichen sie mit Hilfe von fadenförmigen Strukturen an ihrer Zellwand von einem Mehrfachen der Länge einer Bakterienzelle. Diese sogenannten Geißeln sind in Form von Spiralen aus Eiweißmolekülen aufgebaut und in der Zellwand und in der Zellmembran in radförmigen Lagern verankert, aus denen heraus sie eine kreisende Drehbewegung von etwa 50 Umdrehungen pro Sekunde vollführen. Die Geißeln sind irregulär über die Zelle verteilt. Drehen sie sich alle in eine Richtung (z.B. im Uhrzeigersinn), so vereinigen sie sich zu einem Bündel, das als Antriebspropeller wirkt und dem Bakterium erlaubt, sich stetig in eine bestimmte Richtung zu bewegen. Ändern sie plötzlich ihre Drehrichtung, so fliegt das Antriebsbündel auseinander und das Bakterium beginnt zu torkeln. Schwimmt ein Bakterium in einer homogenen Nährlösung herum, so erfolgt in regelmäßigen Abständen von etwa einer Sekunde eine Umkehrung der Drehrichtung, d.h. die vorher geradlinige Schwimmbewegung wird von einer Torkel-Bewegung abgelöst und umgekehrt. Eine Bakterienzelle ist nun in der Lage, Nährstoff-Konzentrationen an verschiedenen Stellen ihrer Zelle zu messen und miteinander zu vergleichen. Sie erkennt also, ob sie in Richtung höherer Nährstoffkonzentration schwimmt oder in die Gegenrichtung. Schwimmt sie in die richtige Richtung, so behält sie den Antriebs-Modus der Geißeln über Minuten bei bevor sie wieder in eine Torkel-Phase wechselt.

Spudich und Koshland untersuchten nun an einzelnen Bakterienzellen aus einer monoklonalen Kultur die Zeiten, in denen ein Bakterium geradlinig in eine Richtung zur Nahrungsquelle hin schwimmt, bevor es wieder beginnt zu torkeln. Sie fanden, daß sich die Zeitabschnitte, in denen sich ein Bakterium geradlinig bewegt, innerhalb der Bakterienkultur von Bakterium zu Bakterium stark unterscheiden. Ferner fanden sie, daß es sich dabei um jeweils eine individuelle Eigenschaft der betreffenden Zelle handelt, die über den gesamten Lebenszyklus dieser Zelle erhalten bleibt. Mit weiteren Experimenten konnten die Forscher ausschließen, daß die beobachteten Unregelmäßigkeiten eine Folge von Meßfehlern waren. Sie konnten weiterhin ausschließen, daß diese Variabilität durch spontane Mutationen verursacht wurde. Die einzelnen Bakterienzellen zeigten also bezüglich dieser Eigenschaft eine ausgesprochene Individualität.

---

[116] John L. Spudich und D. E. Koshland (1976), *Non-genetic individuality: chance in the single cell,* Nature 262, 467-471. Siehe auch: Koshland (1980), dort insbes. S. 127-141.

Spudich und Koshland diskutierten folgende Erklärungsmöglichkeit: Wichtige Makromoleküle, die für die Regulierung des Zellgeschehens notwendig sind, kommen in einer Bakterienzelle nur in begrenzter Anzahl vor. Ihre Verteilung auf die beiden Tochterzellen bei einer Zellteilung gehorcht einer Poisson-Verteilung. Sind z.B. nur 10 dieser Moleküle vorhanden, so kann die Abweichung bei der Aufteilung, die im Idealfall 5:5 wäre, mit einer Fehlerquote von der Quadratwurzel aus 10 behaftet sein, so daß z.B. im Extremfall eine Tochterzelle 8 dieser Moleküle und die andere nur 2 erhält. Dadurch können bestimmte biochemische Prozesse in den beiden Tochterzellen unterschiedlich ablaufen. Diese Unterschiede können sich dann bei weiteren Zellteilungen noch verstärken.

Weitere Unterschiede zwischen monoklonalen Zellen können bei der Synthese von Messenger-RNA[117] liegen, wodurch dann individuelle Abweichungen bei der Ausprägung einzelner Gene entstehen. Wenn man den Zeitverlauf einer chemischen Reaktion makroskopisch verfolgt, so beobachtet man – Explosionen ausgenommen – einen stetigen und vorhersehbaren Ablauf ohne irgendwelche Schwankungen. Das liegt daran, daß an einer solchen Reaktion eine sehr große Anzahl von Molekülen teilnimmt. Bei chemischen Reaktionen in industriellem Maßstab kann es sich dabei gut um eine Billion mal eine Billion Moleküle handeln. Dadurch werden alle Schwankungen, die auf molekularer Ebne auftreten, vollständig ausgeglichen. Ein ganz anderes Bild liefern uns Reaktionen, bei denen nur einige wenige Moleküle beteiligt sind. Enthält z.B. eine Bakterienzelle nur ein einzelnes Gen einer bestimmten Sorte, dann werden dort eine oder wenige Kopien als mRNA synthetisiert. Um Bindungsstellen an der mRNA konkurrieren dann die Ribosomen und Moleküle eines RNA-abbauenden Enzyms, einer sogenannten RNase, das spezifisch für die Vernichtung der mRNA ist. Derartige Systeme wurden von McAdams und Arkin[118] theoretisch untersucht. Es zeigte sich, daß eine chemische Reaktion unter diesen Umständen weder stetig noch vorhersehbar abläuft. Sie vollzieht sich vielmehr stoßartig in zufällig auftretenden Schüben. Die Autoren schlossen daraus, daß es dadurch in genetisch homogenen Zellpopulationen zu erheblichen phänotypischen Unterschieden zwischen einzelnen Zellen kommen kann. Das gilt vor allem, wenn die wirksame Reaktion am Anfang einer Kaskade von Folgereaktionen steht. Dadurch können die zufälligen Schwankungen, die bei der ersten Reaktion auftreten, im Endeffekt noch wesentlich verstärkt werden.

Mehreren Arbeitsgruppen gelang es seither, derartige Effekte an einzelnen Zellen von isogenen Zellpopulationen nachzuweisen und über längere Zeiträume zu verfolgen. Es war auch möglich, die zufallsbedingten Schwankungen der reinen Genablesung einzugrenzen. Dafür brachten die Forscher in Bakterienzellen (Prokaryonten)[119] und in He-

---

[117] Zum Verständnis der molekularbiologischen Grundlagen und Begriffe setzen wir hier die Lektüre des Abschnitts „Was ist ein Gen" voraus.
[118] H. H. McAdams u. A. Arkin (1997), *Stochastic mechanisms in gene expression*, Proc. Natl. Acad. Sci. USA 94, 814-819.
[119] M. B. Elowitz et al. (2002), *Stochastic gene expression in a single cell*, Science 297, 1183-1186.

fezellen (Eukaryonten)[120] jeweils zwei gleiche Genkomplexe (Operons) ein, bei denen das eine Genprodukt mit einem grün-fluoreszierenden Protein markiert war und das des anderen Operon mit einem gelb-fluoreszierenden Protein. Sie verglichen dann den zeitlichen Verlauf der beiden Fluoreszenzen in einzelnen Zellen. Das Verhältnis der Fluoreszenzsignale schwankte in dem Maße, in dem die beiden Gene unterschiedlich abgelesen wurden. Allerdings konnte hier nur die Gesamtfluoreszenz je Zelle gemessen werden, die ein Maß für die Anzahl der gebildeten Proteinmoleküle war, denn die Moleküle schwammen frei in der Zelle umher.

Die Gruppe um Sunney Xie[121] ging einen Schritt weiter. Die Forscher fusionierten das Gen eines fluoreszierenden Proteins mit dem eines Membranproteins. Das in den Zellen gebildete fluoreszierende Hybridprotein war nun in der Zellmembran fest verankert und konnte mit geeigneter Technik (Laser, Mikroskop) innerhalb der Zelle lokalisiert werden. Dadurch konnten die Forscher die Synthese einzelner Proteinmoleküle zeitlich genau verfolgen und statistisch auswerten. Sie fanden, daß die Proteinsynthese schubweise erfolgt, daß die Gesamtzahl der pro Syntheseschub produzierten Proteinmoleküle schwankt und daß die Anzahl der von einem mRNA-Molekül ausgehenden synthetisierten Proteinmoleküle einer geometrischen Verteilung folgt. Dieses Verhalten wird erklärt durch die Konkurrenz zwischen Ribosomen und RNase-Molekülen um die Bindungsstellen an der mRNA. Das Auftreten der Syntheseschübe folgt einer Poisson-Verteilung, d.h. jeder einzelne Syntheseschub tritt rein zufällig auf.

Eine weitere Ursache für phänotypische Unterschiede zwischen isogenen Zellen liegt in der Ungenauigkeit oder Variabilität der Genablesung. Steinmetz und Mitarbeiter[122] untersuchten dies bei monoklonalen (= isogenen) Kulturen der Hefe *S. cerevisiae*. Sie fanden im Durchschnitt Abweichungen von 26 Basenpaaren am 5'-Ende der Messenger-RNA (mRNA) und von 36 Basenpaaren am 3'-Ende, d.h. die Transkripte konnten gegenüber dem zu transkribierenden Genabschnitt um diese Beträge kürzer oder länger sein. Diese Varianten treten rein zufällig auf, d.h. sie beruhen auf einem ungenauen Arbeiten des Zellstoffwechsels. Sie sind daher im Detail von Zelle zu Zelle unterschiedlich. Diese Ungenauigkeiten bei der mRNA-Synthese wirken sich auf Sequenzbereiche des Transkripts aus, welche die Geschwindigkeit der Proteinsynthese und die Stabilität der mRNA steuern. Auch werden durch diese Abweichungen vom Sollwert die Sequenzen der synthetisierten Proteine verändert. Meist treten Verkürzungen am N-terminalen Ende auf, manchmal aber auch C-terminal. Dadurch können Proteine (Enzyme) mit veränderten Eigenschaften entstehen, die dann den Stoffwechsel der einzelnen Zellen in unterschiedlicher Weise verändern.

---

[120] J. M. Raser u. E. K. O'Shea (2004), *Control of stochasticity in eukaryotic gene expression,* Science 304, 1811-1814.
[121] Ji Yu et al. (2006), *Probing gene expression in living celles, one protein molecule at a time,* Science 311, 1600-1603.
[122] V. Pelechano, Wu Wei u. L. M. Steimetz (2013), *Extensive transcriptional heterogeneity revealed by isoform profiling,* Nature 497, 127-131.

Ein anderes Beispiel betrifft isogene Bakterienzellen, die in zwei verschiedenen wechselseitig ineinander überführbaren Zuständen auftreten können: monoklonale Zellen des *Bacillus subtilis* können in einem „vegetativen" Zustand verharren oder in einen „kompetenten" Zustand übergehen.[123] Dieser Übergang wird von einem Protein mit Namen ComK bewirkt, sobald dieses in der betreffenden Zelle eine bestimmte kritische Konzentration übersteigt. Das ComK reguliert seine eigene Synthese indem es als Transkriptionsfaktor die Synthese seiner eigenen mRNA stimuliert. Man nennt so eine Regulation einen Positiven Feedback-Mechanismus. Der Übergang von der vegetativen zur kompetenten Phase vollzieht sich in der frühen stationären Wachstumsphase der Zellkultur spontan bei etwa 15 % der Zellen. Dubnau und Mitarbeiter[124] analysierten den zugrundeliegenden Regelmechanismus. Es zeigte sich, daß die Konzentration des ComK-Proteins nur dann den kritischen Schwellenwert überschreitet, wenn der Regelkreis zufällige starke Schwankungen zuläßt. Der wirksame Parameter dabei ist die Fluktuation der Anzahl der ComK-kodierenden mRNA-Moleküle im Wechselspiel von Synthese und Abbau, wobei die Synthese der mRNA rein zufällig erfolgt, d.h. der Zeitpunkt, an dem die mRNA-Synthese beginnt, ist nicht vorhersehbar. Bedingt sind die starken Schwankungen in der Konzentration des letztlich an der mRNA synthetisierten Proteins durch die kurze Lebensdauer der bakteriellen mRNA und die vergleichsweise lange Stabilität der entsprechenden Proteinmoleküle.

Viele weitere in der Literatur beschriebene stochastische Vorgänge bei der Gen-Expression in Bakterien lassen sich auf diesen Mechanismus zurückführen. Die zufallsbedingten Schwankungen in der Zahl der mRNA- und Proteinmoleküle sind bei Bakterien nicht miteinander korreliert, d.h. sie schwanken unabhängig voneinander, obgleich sie in der gleichen Reaktionsfolge gebildet werden.[125] Damit ist die Rolle des Zufalls bei der Genexpression keineswegs ein seltenes Phänomen und nicht jede Abweichung von der Norm hat gleich Auswirkungen auf den Phänotyp einer Zelle. Offenbar sind *in puncto* Änderung des Phänotyps einige Gene und ihre Produkte wirksamer als andere.[126]

Unter dem Gesichtspunkt der Evolution sind die hier beschriebenen Fluktuationen in der Proteinbiosynthese gewollt. Einmal erlauben sie einer Population von Einzellern ein besseres Überleben bei schwankenden Umweltbedingungen, wenn die einzelnen Zellen unterschiedliche Möglichkeiten haben, ihren Stoffwechsel anzupassen. Auf der anderen Seite würde eine exakte Regulierung der einzelnen Genexpressionen, bei denen zu einem gegebenen Zeitpunkt meist nur ein einziges mRNA-Molekül je Zelle

---

[123] Es würde uns hier zu weit vom Thema fortführen, wenn wir diese Zustände genauer beschreiben würde.

[124] H. Maarmar, Arjun Raju u. D. Dubnau (2007), *Noise in gene expression determines cell fate in Bacillus subtilis,*, Science 317, 526-529. Siehe auch die theoretische Betrachtung von R. Losick u. C. Desplan (2008), *Stochasticity and cell fate,* Science 320, 65-68.

[125] Y. Taniguchi et al. (2011), *Quantifying E. coli proteome and transcriptome with single-molecule sensitivity in single cells,* Science 329, 533-538.

[126] Siehe die Diskussion in dem Übersichtsartikel von : Gene-Wei Li u. X. Sunney Xie (2011), *Central dogma at a single-molecule level in living cells,* Nature 475, 308-315.

vorliegt, einen unvertretbaren Aufwand an Material und Energie für die Zelle bedeuten. Allein eine Zunahme der mRNA-Moleküle von eins auf zwei bedeutet einen Anstieg um 100 Prozent. In einer informationstheoretischen Publikation zeigten Lestas und Mitarbeiter[127], daß zehntausende von Regulator-Molekülen nötig wären, um die Konzentration von ein oder zwei mRNA-Molekülen einer bestimmten Sorte in einer Zelle auf einem konstanten Niveau zu halten.

Diese Untersuchungen an Modellorganismen, die wir hier beispielhaft aus einer Fülle von Untersuchungen ausgewählt haben[128], zeigen daß die Vorgänge in der belebten Natur nicht immer exakt wie ein Uhrwerk ablaufen. Vielmehr spielt der Zufall oft eine entscheidende Rolle. Ob und in welchem Maße Reaktionen der hier beschriebenen Art bei der Entwicklung höherer Lebewesen, wie dem Menschen, eine Rolle spielen, ist noch nicht erforscht. Es ist aber sehr wahrscheinlich, daß ähnliche Effekte auch hier auftreten. Der Zellstoffwechsel bei höheren Organismen und das Zusammenspiel einzelner Zellen sowie von Zellverbänden ist in vielen, hierarchisch voneinander abhängigen Stufen geregelt. Auf jeder dieser Ebenen können spontane Schwankungen auftreten, die dann in der Folge auch noch verstärkt werden können.

Die Frage nach der genetischen Identität eines Menschen wird noch komplexer. Im Jahre 2002 wurde über einen verwirrenden Fall berichtet. Eine 52-Jahre alte Frau, Mutter von drei Söhnen, benötigte aufgrund eines akuten Nierenversagens dringend ein Spenderorgan. Die nächsten Angehörigen wurden als mögliche Spender auf Gewebeverträglichkeit (Histokompatibilität) getestet.[129] Dabei stellte sich heraus, daß die bei zwei ihrer Söhne erhobenen Daten suggerierten, daß diese nicht ihre leiblichen Kinder seien. Dabei stand aber zweifelsfrei fest, daß sie die Mutter auch dieser Söhne war. Die Ärzte stellten weitere Untersuchungen an, auch mit detaillierten DNA-Tests. Diese zeigten sich widersprechende Ergebnisse mit aus unterschiedlichen Geweben entnommenen Proben. Zudem wurden die Untersuchungen auf Mutter, Brüder und Ehemann der Patientin ausgeweitet.[130] Man gelangte zu folgendem Ergebnis. Offensichtlich waren verschiedene Teile ihres Körpers aus zwei unterschiedlichen Zellarten aufgebaut, die sich molekulargenetisch klar unterschieden. Die Patientin hätte eigentlich als eine von zwei zweieiigen Zwillingsschwestern geboren werden sollen. D.h. ursprünglich lagen im Körper ihrer Mutter zwei unterschiedliche gleichzeitig befruchtete Eizellen vor. Anstatt sich zu zwei Kindern zu entwickeln, wuchsen diese jedoch in einem sehr frühen Stadium der Embryonalentwicklung zu einem Organismus zusammen. Offenbar hatte die Patientin auch zwei Arten von Eizellen, eine die sich von der einen befruchteten Eizelle ableitete (wenn man so will: ihrer eigenen) und eine, die

---

[127] I. Lestas et al. (2010), *Fundamental limits on the suppression of molecular fluctuations*, Nature 467, 174-178.
[128] Einen guten Übersichtsartikel findet man z.B. bei: A. Eldar u. M. B. Elowitz (2010), *Functional roles for noise in genetic circuits*, Nature 467, 167-173.
[129] Über die Bestimmung des Antigenmusters auf den weißen Blutzellen („HLA-Test").
[130] N. Yu et al. (2002), *Disputed maternity leading to identification of tetragametic chimerism*, New England J. Med. 346, 1545-1552.

sich genetisch von der anderen (nämlich der von ihrer absorbierten Zwillingsschwester stammenden) mütterlichen Eizelle herleitete. Von einem ihrer Söhne (aus ihrer eigenen Eizelle entstanden) war sie die Mutter, von den beiden anderen (aus je einer Eizelle der in ihr aufgegangenen Zwillingsschwester entstanden) war sie die Tante.

Die Frau war eine Chimäre, und zwar, weil sie sich in ihrer Entwicklung aus zwei verschiedenen getrennt befruchteten Eizellen ableitete, eine tetragametische Chimäre[131]. Denn sie hatte ihren Ursprung in der Kombination von vier unterschiedlichen Gameten. Die Bildung von tetragametischen Chimären ist ein seltenes Ereignis. Wie selten es ist, darüber sind sich die Gelehrten nicht einig. Denn normalerweise wird dieser Zustand nicht bemerkt, vor allem wenn die zugrundeliegenden potentiellen Zwillinge gleichgeschlechtlich waren.

Häufiger scheint die Bildung dieser Chimären bei künstlichen Befruchtungen vorzukommen, bei denen zwei bis drei befruchtete Eizellen implantiert werden. In einem solchen Fall fand man eine Chimäre aus ungleichgeschlechtlichem Ursprung, einen Hermaphroditen (Zwitter).[132] Nach einer Schätzung könnten 10 % aller menschlicher Hermaphroditen über eine Chimärenbildung entstanden sein.[133]

Ein dem Auftreten von Chimären verwandtes Phänomen ist das der Mosaike. Das sind Individuen, die aus Zellen unterschiedlichen Genotyps zusammengesetzt sind, die sich jedoch – im Unterschied zu den Chimären – von einer einzigen Zygote (durch Mutation) ableiten. Der Übergang zwischen diesen beiden Phänomenen scheint jedoch fließend zu sein. Viele Mosaike könnten in Wahrheit Chimäre sein.

Eine Form des Chimärismus betrifft auch die Blutgruppen, indem bei den betroffenen Personen gleichzeitig mehrere Blutgruppen auftreten. Der erste Fall dieser Art wurde 1953 bei einer Frau beschrieben, bei der die Blutgruppen A und Null gefunden wurden. In diesem Zusammenhang wurde damals erstmals der Begriff „Chimäre" geprägt. Diese Art von Chimären findet man auch bei zweieiigen Zwillingen, wenn über die Placenta infolge eines Defekts im Blutkreislauf (Anastomosis) oder über den mütterlichen Kreislauf ein Blutaustausch erfolgte.[134] Daß man bei Blutgruppen-Chimären keine weiteren Anomalitäten fand, lag möglicherweise daran, daß man nicht weiter suchte. Zum Teil war das auch dadurch bedingt, daß die entsprechenden Methoden noch nicht entwickelt waren. Bei der Ausbildung chimärer Zwillinge scheint folgender Ablauf wahrscheinlicher als ein Zelltransfer über die Blutkreisläufe: Zuerst fusionieren die

---

[131] Der Ausdruck „Chimäre" leitet sich von einem griechischen Fabelwesen ab, der Chimäre, die dreiköpfig und dreigestaltig aus Löwe, Schlange und Ziege zusammengesetzt war. Die griechische Chimäre wurde von dem auf dem geflügelten Roß Pegasus reitenden Bellerophon (oder Bellerophontes) getötet. Zu dieser Sage gibt es unterschiedliche Überlieferungen. Wir folgen hier Schwab (1965), 209-212.

[132] L. Strain et al. (1998), *A true hermaphrodite chimera resulting from embryo amalgation after in vitro fertilization*, New England J. Med. 338, 166-169.

[133] V. Malan et al. (2006), *Chimera and other fertilization errors*, Clinical Genetics 70, 363-373.

[134] B. A. van Dijk et al. (1996), *Blood group chimerism in human multiple births is not rare*, J. Med. Genetics 61, 264-268.

Zygoten zweieiiger Zwillinge zu einem Zellhaufen, der sich später nach dem gleichen Mechanismus in zwei Individuen teilt, nach dem auch eineiige Zwillinge entstehen.[135]

Über den Blutkreislauf können auch andere Zellen zwischen dem mütterlichen und dem embryonalen Organismus ausgetauscht werden. Dabei kommt offenbar einem Transfer von Embryonalzellen auf den Körper der Mutter, wo sie kleine Zellkolonien (Mikrochimärismus) bilden können, eine größere Bedeutung zu als der Übertragung mütterlicher Zellen auf den Embryo. Diese Zellkolonien können – oft erst Jahrzehnte nach der Schwangerschaft – zu Autoimmunstörungen führen.

Insgesamt ergibt sich hier ein komplexes, ja verwirrendes Bild von der Entwicklung eines Individuums. Das hat naturgemäß, besonders in den USA, die Rechtswissenschaft beschäftigt. Denn gerade dort spielt die Diskussion um die Legalität und moralische Vertretbarkeit von Schwangerschaftsabbrüchen eine große Rolle. Die Abtreibungsgegner argumentieren, daß die Persönlichkeit eines Menschen bereits zum Zeitpunkt der Befruchtung der Eizelle oder kurz danach festgelegt sei. Diese Annahme wird durch die neueren Ergebnisse der Molekularbiologie und Reproduktionsmedizin grundsätzlich in Frage gestellt.[136]

---

[135] Ch. E. Boklage (2006), *Embryogenesis of chimeras, twins and anterior midline symmetries*, Human Reproduction 21, 579-591.
[136] Siehe z.B. T. H. Milby, *The new biology and the question of personhood: implications for abortion*, American J. of Law & Medicine 31 (1983-1984).

Wie funktioniert ein DNA-Test?

An manchen Tagen können wir auf einem einzigen Fernsehkanal ein halbes Dutzend Kriminalfilme sehen. In der Regel geht es dabei um Mord. Oft ist die Spurensicherung bereits aktiv, bevor die Kommissare im Bild erscheinen. Neben Fingerabdrücken, der klassischen Methode, einen Täter zu identifizieren, spielt heute der DNA-Test die zentrale Rolle bei der Tätersuche. Und das nicht nur in der Fiktion des Films sondern auch in der realen Welt. Die Beweisstücke sind oft Schleimhautzellen in Speichelresten, z.B. an Zigarettenkippen. Von Zeit zu Zeit lesen wir auch in der Zeitung, daß ein viele Jahre zurückliegender Tötungsdelikt aufgeklärt werden konnte, weil man in den Speichelresten im Leim einer Briefmarke auf einem Erpresserbrief noch eine DNA-Spur fand. Diese kann man heute mit den empfindlichen Methoden identifizieren, was man zum Zeitpunkt der Tat noch nicht vermochte.

In nur drei Jahrzehnten hat sich hier eine Entwicklung vollzogen hin zu einer faszinierenden Analysentechnik von geradezu ästhetischer Qualität. Im Folgenden werden wir versuchen, diese Analytik möglichst einfach darzustellen. Die Kenntnis des chemischen Aufbaus von DNA, wie er in dem Beitrag über Gene skizziert ist, werden wir als bekannt voraussetzen. Mit experimentellen Details werden wir den allgemein interessierten Leser jedoch nicht belasten, sondern nur das Grundsätzliche darstellen.[137]

Der DNA-Test erlaubt es mit seinen Routine-Verfahren

- exakt zu klären, wer der Vater eines Kindes ist und wer nicht. Das geht soweit, daß es sogar gelang, anhand der DNA aus bronzezeitlichen Knochenfunden direkte Nachkommen im Umkreis der Fundstätte zu identifizieren;[138]

- in einem Kriminalfall einen Verdächtigen entweder als Täter zu überführen oder aber zweifelsfrei zu entlasten.

Mit aufwendigeren Methoden ist es sogar möglich, phänotypische Merkmale oder den ethnischen Hintergrund des Täters zu finden. So konte im Jahre 2003 in Louisiana eine Serie von Sexualmorden aufgeklärt werden, weil eine erweiterte DNA-Analyse ergab, daß der Täter ein „Schwarzafrikaner südlich der Sahara" mit 15 % „Indianerblut" war.[139]

---

[137] Details findet man z.B. bei Lincoln und Thomson (1998) und selbstverständlich in der Originalliteratur, die z.B. über Butler (2005, 2010 u. 2012) zugänglich ist.
[138] aus der Lichtensteinhöhle bei Bad Grund im Harz; Näheres siehe Schilz (2006).
[139] Butler (2010), 348. Frudakis (2008), 599-603.

Wie verbreitet diese Methoden sind, wird dadurch illustriert, daß Ende 2010 im Computer des FBI bereits 9,5 Millionen DNA-Profile von Tätern gespeichert waren, in England waren es bereits mehr als 4 Millionen.[140]

Im Jahre 1985 hielt ich vor einer Enquete-Kommission des Bundestages einen Vortrag über „Nukleinsäuren als Analyten in der medizinischen Diagnostik".[141] Da der Schwerpunkt auf der medizinischen Diagnostik lag, wurden damals zwei gerade neu erschienene und aus heutiger Sicht bahnbrechende Artikel von Jeffreys in England, welche die Entwicklung zum derzeitigen forensischen DNA-Test einleiteten, noch nicht berücksichtigt.[142] Jeffreys prägte auch bereits den Begriff „DNA-Fingerabdruck". Ab 1986 befaßte ich mich mit anderen Themen. Als ich dann 2010, nach einem Vierteljahrhundert, wissen wollte, wie ein forensischer DNA-Test funktioniert, verstand ich zuerst gar nichts mehr. Diese Anekdote soll verdeutlichen, welch ein gewaltiger Fortschritt in diesem Zeitraum erzielt wurde.

Als Jeffreys 1985 seine Daten publizierte, war die DNA-Analytik noch weit davon entfernt, die bedeutende Routinemethode der forensischen Technik zu werden, die sie heute ist. Immerhin konnte jedoch in England bereits 1987 eine Serie von Sexualmorden mit Hilfe der Original Jeffrey-Methode aufgeklärt werden.[143] Der Durchbruch gelang erst mit der Entdeckung bestimmter Marker-Abschnitte auf der DNA, die sich für diese Analysen besonders eignen. Das sind die 1991 entdeckten sog. „Short Tandem Repeats (**STR**)". Es handelt sich dabei um Regionen auf der DNA, die in der Regel außerhalb der kodierenden Bereiche von Genen liegen, entweder zwischen einzelnen Genen oder im Bereich eines Introns. Sie bestehen aus einer kurzen Sequenz, die mehrfach, direkt hintereinander gereiht wiederholt wird. Dabei ist die Anzahl der Wiederholungen für jedes menschliche Individuum charakteristisch. Die sich wiederholende Einheitssequenz kann zwischen 2 und 6 Nukleotide lang sein. Sie tritt bis zu etwa 50 mal in Folge innerhalb einer STR-Region auf. Für die forensische Analyse verwendet man meist Einheitssequenzen mit 4 Nukleotiden, da diese aus Sicht der Analysentechnik besonders gut geeignet sind. Seltener werden STRs mit 5 oder 6 Nukleotiden verwendet. Ein Beispiel ist der STR-Marker mit der Bezeichnung „TH01". Er liegt im ersten Intron des Gens, welches das Enzym Tyrosinhydroxylase kodiert. Die Einheitssequenz lautet T-C-A-T. Sie kann, von Individuum zu Individuum, 3 bis 14 mal hintereinander gereiht sein. Dann sieht der entsprechende DNA-Abschnitt etwa so aus:

---

[140] T. A. Brettell et al. (2011), Analyt. Chem. 83, 4539-4556, hier: 4540.
[141] Auf dessen Basis entstand dann ein Übersichtsartikel: K. Wulff (1986), *Nucleic Acids as Analytes in Laboratory Diagnosis,* Arzneimittel-Forschung 36, 157-161.
[142] A. J. Jeffreys et al. (1985), *Hypervariable „minisatellite" regions in human DNA,* Nature 314, 67-73 und A. J. Jeffreys et al. (1985), *Individual-specific „fingerprints" of human DNA,* Nature 316, 76-79.
[143] Butler (2010), 5.

5'-[konstante Region 1]-T-C-A-T-T-C-A-T-T-C-A-T-T-C-A-T-[konst. Region 2]-3'

oder:

5'-[konstante Region 1]-(T-C-A-T)$_n$- [konstante Region 2]-3'

In der älteren Literatur findet man für TH01 auch die Sequenz A-A-T-G. Zu diesem Resultat gelangt man, wenn man den komplementären DNA-Strang betrachtet und ein Nukleotid früher mit der Zählung beginnt. Um eine sichere Diskussions-Grundlage zu schaffen, hat die „International Society of Forensic Genetics (ISFG)" in ihren Richtlinien von 1997 eine einheitliche Nomenklatur geschaffen, nach der die Sequenz für TH01, wie oben angegeben, T-C-A-T lautet.[144]

Flankiert wird der variable Bereich des STR am 5'-Ende sowohl wie am 3'-Ende des DNA-Strangs von Abschnitten mit konstanter DNA-Sequenz, die bei allen Menschen gleich sind. Auf diese Sequenzen kommen wir noch zurück. Sie stellen eine wichtige Säule der gesamten Analytik dar.

Außer dem bereits erwähnten Marker TH01 werden in den USA noch 12 weitere STRs für die forensische Routine-Analyse verwendet. Diese sind mit ihren wichtigsten Eigenschaften in der Tabelle 1 aufgelistet.[145] Andere Staaten verwenden leicht abweichende Marker-Gruppen.[146] Die Analysenmethoden sind mittlerweile so ausgereift, daß viele international tätige Firmen vorgefertigte optimierte Reagentiensätze anbieten, welche die Arbeit in den Labors erheblich erleichtern.

Die variable Sequenz des STR kann man als ein „Gen" auffassen. Die unterschiedlichen Formen dieses STR sind dann Allele. Die Anzahl der möglichen Allele der verschiedenen STRs sind in Tabelle 1 aufgelistet. Sie reichen von 15 Allele pro STR bis zu 80.

Neben diesen grundsätzlichen Erkenntnissen spielte dann die Methoden-Entwicklung die entscheidende Rolle. Heute erlaubt dies Verfahren, ausgehend von wenigen menschlichen Zellen[147] im Probenmaterial binnen weniger Stunden eine Analyse durchzuführen, aufgrund der ein eventueller Täter mit einer statistischen Sicherheit von 1 zu 10^{12} bis 1 zu 10^{17} identifiziert werden kann. Das würde ausreichen, einen Menschen innerhalb der hundertfachen bis zehnmillionenfachen Weltbevölkerung aufzuspüren.

Um mit einer so geringen Menge an Probenmaterial auszukommen, muß man allerdings die in der Probe vorliegende DNA erst einmal durch wiederholtes Kopieren

---

[144] Butler (2005), 90 f.
[145] Butler (2005), 94f.
[146] Siehe Butler (2012), 106 f.
[147] Es gelang sogar, ausgehend von einer einzigen Zelle DNA-Profile zu erstellen: J. Findlay et al. (1997), *DNA fingerprinting from single cells*, Nature **389**, 555-556.

vermehren. Das gelingt mit einer trickreichen Methode, die nicht nur in der forensischen Analyse Anwendung findet und deren Erfinder, K. Mullis, aufgrund der allgemeinen Bedeutung des Verfahrens 1993 mit dem Nobelpreis für Chemie ausgezeichnet wurde.

Tabelle 1: STR-Marker für forensische Routine-Tests (USA)[148]

Marker	Position	Chromosom	Einheitssequenz	Anzahl der Allele
CSF1P0	c-fms proto-oncogen Intron 6	5	T-A-G-A	20
FGA	α-Fibrinogen, Intron 3	4	C-T-T-T	80
TH01	Tyrosinhydroxylase Intron 1	10	T-C-A-T	20
TPOX	Thyroidperoxidase Intron 10	2	G-A-A-T	15
VWA	v. Willebrand Faktor Intron 40	12	[T-C-T-G] [T-C-T- A]	28
D3S1358	-	3	[T-C-T-G] [T-C-TA]	24
D5S818	-	5	A-G-A-T	15
D7S820	-	7	G-A-T-A	30
D8S1179	-	8	[T-C-T-A] [T-C-T-G]	17
D13S317	-	13	T-A-T-C	17
D16S539	-	16	G-A-T-A	19
D18S51	-	18	A-G-A-A	51
D21S11	-	21	komplex [TCAT] [TCTG]	82

Die DNA aus dem Probematerial liegt meist als Doppelstrang-Molekül vor. Die DNA-Vermehrung der für die Analytik relevanten Bereiche gelingt durch enzymatisches Kopieren der beiden zueinander komplementären Stränge der interessierenden DNA-Abschnitte. Dazu muß das Doppelstrang-Molekül erst einmal in die beiden Einzelstränge überführt werden. Das geschieht bei höheren Temperaturen. Jede DNA hat

---

[148] Butler (2005), 94 f.

eine charakteristische „Schmelztemperatur", bei der sich der Doppelstrang in die komplementären Einzelstränge aufspaltet. Diese Temperatur ist abhängig von der Herkunft der DNA, dem Lösungsmittel, dem pH-Wert und der Salzkonzentration.

Unter den hier meist verwendeten Bedingungen liegt die Schmelztemperatur der DNA bei 94°C. Senkt man nach Aufspaltung der DNA in ihre Einzelstränge die Temperatur um etwa 25°C ab, so vereinigen sich die Einzelstrang-Moleküle wieder zu Doppelsträngen. Man spricht dann von einer Renaturierung der DNA. Die Einzelstrangmoleküle liegen dann als eine Art lockere Fadenknäuele vor. Damit sich die Einzelstränge zu einem Doppelstrangmolekül vereinigen, muß sich erst einmal eine Region mit zueinander komplementärer Sequenz finden. Dieser Schritt ist der langsame und geschwindigkeitsbestimmende. Ist das geschehen, vollzieht sich die weitere Reaktion nach einem Reißverschluß-Prinzip. Die Geschwindigkeit der Gesamtreaktion ist proportional der Quadratwurzel[149] aus der Länge des kürzeren der einander komplementären DNA-Stränge und umgekehrt proportional der Komplexität der DNA, das ist, grob gesagt, bei Viren und Bakterien die Gesamtlänge in Basenpaaren des Genoms des Organismus, aus dem die DNA stammt.[150] Bei menschlicher DNA ist dies in unserem Fall die Gesamtlänge der DNA des betreffenden Chromosoms, auf dem das STR liegt. Je kleiner das Bruchstück ist, welches mit einem intakten DNA-Strang reagieren soll, desto langsamer verläuft die Reaktion.

Um eine DNA im Labor zu kopieren, muß man an beiden DNA-Strängen als Vorlage („template") jeweils den dazu komplementären Strang synthetisieren. So liefert der R-Strang als Vorlage einen neuen L-Strang und der L-Strang liefert einen neuen R-Strang. Diese Synthese gelingt im Labor nur, wenn an einem Ende des Vorlage-Strangs bereits ein Oligonukleotid gebunden ist, das zu der entsprechenden Sequenz des Vorlage-Stranges komplementär ist, also bereits die Anfangsregion des zu bildenden neuen Stranges darstellt. Dieses Oligonukleotid muß eine freie 3'-OH-Gruppe haben, ausgehend von der dann die weitere Synthese erfolgt. Man nennt es „Primer". Ausgehend vom 3'-Ende dieses Primers und den vier Nukleosid-Triphosphaten ATP, TTP, GTP und CTP verlängert die DNA-Polymerase die Primerkette um ein Nukleotid nach dem anderen, immer orientiert an der Sequenz der Vorlage, bis ein neues Doppelstrang-Molekül gebildet wird.[151]

Um einen weiteren Synthesezyklus zu vollziehen, muß das Reaktionsgemisch wieder auf 94°C erhitzt werden, damit erneut die Doppelstrang-DNA (jetzt 2 Moleküle) in die (nunmehr 4) Einzelstränge zerfällt. Dabei wird aber jedes „normale" Enzym zerstört. Ein derartiger Synthesezyklus ist also nicht mehrfach wiederholbar. Denn auch wenn

---

[149] Diese Beziehung rührt daher, daß den DNA-Fadenknäulen einer Sorte nicht das ganze Volumen der Reaktionslösung zur Verfügung steht, sondern nur der Teil, der nicht von den zu ihrer Sequenz komplementären Molekülen eingenommen wird.
[150] J. G. Wetmur und N. Davidson (1968), J. Mol. Biol. 31, 349.
[151] Näheres siehe z.B. Krebs et al. (2011), 331 ff.

man jedes Mal neue DNA-Polymerase zugibt, hat man dann mit den Effekten von de-gradiertem Protein und zunehmender Verdünnung zu kämpfen. Die Lösung dieses Problems brachte eine DNA-Polymerase aus einem thermophilen Bakterium, das aus heißen Quellen des Yellowstone Parks isoliert wurde. Dieser Organismus, *Thermus aquaticus* genannt, fühlt sich im Temperaturbereich von 70 bis 75°C am wohlsten, vermehrt sich dort am raschesten, und seine Enzyme sind bei diesen Temperaturen am aktivsten. Und, was besonders wichtig ist, seine Enzyme sind bis 97°C stabil, ohne an Aktivität zu verlieren.[152]

Unter Verwendung der DNA-Polymerase aus *Thermus aquaticus* wurde das Verfahren der Polymerase-Kettenreaktion (PCR, polymerase chain reaction)[153] entwickelt, die es erlaubt, bei einer DNA-Vermehrung ca. 30 oder mehr Reaktionszyklen zu durchlaufen und dabei (theoretisch) aus jedem DNA-Molekül der zu untersuchenden Probe ca. 2^{30} (etwa eine Milliarde) für eine weitere Analytik geeignete DNA-Moleküle zu gewinnen.

Zuerst mußte man die konstanten DNA-Sequenzen, welche die variablen STR-Regionen flankieren, kennen. Dann synthetisierte man geeignete Oligonukleotide als Primer, eines für den R-Strang der DNA und eines für den L-Strang. Diese Primer sind – je nach STR – zwischen 18 und 30 Nukleotide lang. Für den STR-Abschnitt TH01, den wir bereits als Beispiel gewählt hatten, haben die Primer z.B. die folgende Ba-sensequenz:

R-Strang: 5'-GTGGGCTGAAAAGCTCCCGATTAT-3'

L-Strang: 5'-GTGATTCCCATTGGCCTGTTCCTC-3'

Um bei der Renaturierungs-Reaktion der DNA sicherzustellen, daß die Primer an die DNA-Stränge der Probe binden und nicht die komplementären Stränge der Proben-DNA, muß man die Primer in hohen Konzentrationen in das Reaktionsgemisch geben.

Praktisch sieht ein Reaktionsverlauf dann im Prinzip folgendermaßen aus:

Schritt 1:

Man gibt die DNA, die man z.B. aus Schleimhautzellen, die am Leim einer Briefmar-ke hafteten, isoliert und gereinigt hat, zu einem Reaktionsgemisch, in dem beide Pri-mer-Moleküle in hoher Konzentration enthalten sind und das ferner die DNA-Polymerase aus *T. aquaticus*[154], Substrate, Salze und Puffer enthält.[155] Dann erhöht

---

[152] Brock (1978), 72 ff.

[153] Krebs et al. (2011), 59 ff; Butler (2005), 63 ff; Butler (2012), 69 ff.

[154] Um zu verhindern, daß dieses Enzym bereits beim Hochheizen aktiv wird und evtl. störende DNA-Segmente kopiert, hat man das aktive Zentrum des Enzyms mit einer chemischen Gruppe inaktiviert. Diese Gruppe wird bei 94°C abgespalten, wodurch das Enzym wieder aktiv wird.

[155] Ein typisches Reaktionsgemisch sieht so aus: 10-50 mM Tris-HCl-Puffer pH 8,3; 1,2-2,5 mM MgCl$_2$; 50 mM KCl; jeweils 200 μM dATP, dTTP, dCTP, dGTP; 0,5-5 U DNA-Polymerase aus *T. aquaticus*: 100 μg/ml Rin-derserumalbumin; 0,1-1,0 μM Primer; 1-10 ng Proben-DNA. Quelle: Butler (2012), 76.

man die Temperatur für einige Minuten auf 94°C. Sodann kühlt man rasch auf 60°C. Die Temperatur-Schritte und Inkubationszeiten werden von einer Apparatur automatisch nach Programm vorgenommen. Bei 60°C bindet an jeden der beiden DNA-Stränge je eins der beiden Primer-Moleküle. Dann fährt man die Temperatur auf 72°C hoch. Jetzt synthetisiert die DNA-Polymerase, ausgehend von dem jeweiligen Primer, an jedem DNA-Strang den dazu komplementären Strang.

Diese neu synthetisierten DNA-Stränge sind in ihrer Länge variabel, abhängig von der Reaktionszeit. Sie beginnen exakt am 5'-Ende des Primers und gehen weit über die variable Sequenz des STR hinaus und auch noch bis jenseits der komplementären Sequenz des zweiten Primers.

Dann geht man wieder auf 94°C und erhält sowohl die ursprüngliche DNA als auch die neu synthetisierten Moleküle als Einzelstränge. Die neu synthetisierten Stränge beginnen exakt mit dem jeweiligen 5'-Ende des Primers, wie weit sie mit dem 3'-Ende gehen, ist jedoch variabel. Schematisch sieht das dann so aus:

5'-[Primer 1]-[variable STR-Region]-[Abschnitt komplementär zu Primer 2-Sequenz]-[Region unterschiedlicher Länge]-3'-OH

und

HO-3'-[Region unterschiedlicher Länge]-[Abschnitt komplementär zu Primer 1-Sequenz]-[variable STR-Region]-[Primer 2]-5'

Wegen der variablen Länge am 3'-Ende dieser DNA-Moleküle kann man analytisch mit ihnen noch nicht viel anfangen. Wir benötigen dagegen Moleküle einheitlicher Länge, deren Größe allein durch die von Mensch zu Mensch variable Länge der STR-Region bestimmt wird, aber nicht von einer zufälligen mehr oder weniger ausgedehnten Erweiterung am 3'-Ende. Das erfordert einen weiteren Schritt.

Schritt 2:

Der gesamte Zyklus wird wiederholt: Binden weiterer Primer-Moleküle bei 60°C, Synthese bei 72°C und Aufschmelzen der Doppelstränge bei 94°C. Was haben wir nun?

Einmal haben wir die gleichen Molekül-Spezies, wie beim ersten Schritt. Aber zusätzlich haben wir eine ganz neue Art von DNA-Molekülen, die in ihrer Länge klar definiert sind. Sie beginnen jeweils am 5'-Ende mit einer Primersequenz, gehen über den variablen Bereich des STR hinaus und enden mit der 3'-Sequenz, die der 5'-Sequenz des anderen Primers komplementär ist, denn genau an dieser Stelle war ja das 5'-Ende des in Schritt 1 synthetisierten Stranges, der hier als Template diente. Hier endete das

Template und auch der neu synthetisierte Strang muß hier enden, da eine weitere Verlängerung ohne Template nicht möglich ist.

Diese neuen DNA-Moleküle sehen nun schematisch folgendermaßen aus:

5'-[Primer 1]-[variable STR-Region]-[zu Primer 2 komplementäre Region]-3'-OH

und

HO-3'-[zu Primer 1 komplementäre Sequenz]-[variable STR-Region]-[Primer 2]-5'

Zwischen den Primer-Sequenzen und dem STR-Bereich liegen meist noch weitere konstante Sequenzbereiche, die wir in der schematischen Darstellung weggelassen haben.

Jetzt haben wir einheitliche DNA-Moleküle erhalten, die über die folgenden Synthesezyklen jedesmal um den Faktor zwei vermehrt werden, so daß wir ab hier nach 30 Zyklen den uns interessierenden Bereich der Proben-DNA um den Faktor 2^{30} vermehrt haben. Wie wir weiter verfahren in der Analyse, werden wir sogleich sehen.

Zuerst ein paar Bemerkungen zu dem bisher Diskutierten. Soweit klingt das alles recht schön. Aber, wie so oft, steckt der Teufel im Detail.[156] Wir haben die STR-Regionen mit Genen verglichen. Analysiert man menschliche Körperzellen, so enthalten diese zwei komplette Chromosomensätze. Für jedes Gen liegt z.B. auf einem Chromosom einer Sorte das Allel „A", auf dem anderen das Allel „a". D.h. der Mensch trägt in jeder Körperzelle für jeden STR-Marker zwei Allele (in unserem Beispiel A und a). Es sei denn, er ist homozygot, hat also entweder zwei A oder zwei a. Hat man im Probenmaterial weniger als zehn Zellen vorliegen, so kann im Laufe der PCR-Reaktion durch eine stochastische Fluktuation eines der beiden Allele verlorengehen, so daß der betreffende Mensch homozygot (AA oder aa) erscheint, obgleich er in Wahrheit zwei verschiedene Allele trägt, also heterozygot (Aa) ist. Die Experten haben sich viele Gedanken gemacht, wie man dieses und andere Probleme bei der Analyse nur weniger Zellen auftreten, lösen kann. Dies betrifft z.B. Zellen aus einer Hautabschürfung am Griff einer Tatwaffe.[157] Es werden viele Lösungsmöglichkeiten diskutiert. Man ist sich jedoch einig, daß in solchen Fällen die Testergebnisse nur mit größter Vorsicht interpretiert werden sollten.[158]

Große Sorgfalt erfordert die Auswahl der Primer-Sequenzen, bzw. der Primer Bindungsstellen, nach deren Sequenz die Primer synthetisiert werden. Diese Sequenz muß so gewählt werden, daß die verschiedenen Primer-Moleküle nicht untereinander zu

---

[156] Siehe z.B. J. M. Robertson und J. Walsh-Weller, *An Introduction to PCR Primer Design and Optimization of Amplification Reaction*, in: Lincoln u. Thomson (1998), 121-154; siehe auch Butler (2012), 69 ff.
[157] Siehe den umstrittenen Messergriff im Kachelmann-Prozeß.
[158] Ausführliche Diskussion bei Butler (2012), 311 ff.

Doppelstrang-Molekülen hybridisieren können. Auch sollte kein Primer an seinen Enden zueinander komplementäre Regionen aufweisen, so daß er sich zu einer haarnadelartigen Struktur in sich zurückfaltet. Dieses Problem wird besonders komplex, wenn man mit Reaktionsmixturen arbeitet, die im „Eintopfverfahren" die gleichzeitige Analyse von bis zu 16 verschiedenen STR-Markern erlauben. Sie enthalten dann 32 verschiedene Primer-Moleküle, die alle so gestaltet sein müssen, daß keines mit einem der 31 anderen wechselwirkt.

Hinzu kommen natürlich – wie bei allen Enzym-katalysierten Reaktionen – diverse Störeffekte durch Verunreinigungen aus dem Probematerial. Es ist immer erforderlich, verschiedene Kontrollversuche zu machen, um die Richtigkeit der Analyse sicherzustellen.

Diese Beispiele mögen genügen um die Problematik zu skizzieren. Der an weiteren Details interessierte Leser findet über die zitierten Quellen Zugang zu der umfangreichen Originalliteratur. In der Praxis wird die Situation dadurch vereinfacht, daß verschiedene international tätige Firmen sich darauf spezialisiert haben, optimierte Reagenziensätze zur analytischen Bestimmung der STR-Muster und aller dazugehörigen Qualitätskontrollen anzubieten. Denjenigen Labors, die ihre Reagenzien noch selbst zusammenstellen, helfen spezielle Computerprogramme, z.B. bei der Auswahl der geeignetsten Primer-Sequenzen.

Wie geht die Analyse nun weiter? Wir wollen hier nur die innovativste Methode der – ausgehend von der im PCR-System vermehrten DNA – weiteren Analytik skizzieren. Wichtig ist dabei zuerst die Frage, wie wird die DNA in der Analyse erkannt? Ihre „Ortung" erfolgt über einen sog. Fluoreszenz-Marker, d.h. über ein chemisch fest gebundenes Molekül eines Fluoreszenz-Farbstoffs. Dazu wird in der PCR-Reaktion von vornherein einer der beiden für jeden STR-Marker benötigten Primer am 5'-Ende mit einem fluoreszierenden Molekül verknüpft. Das stört weder die Bindung des Primers an die DNA noch die DNA-Polymerase Reaktion. So trägt jedes der aus der PCR-Reaktion resultierende DNA-Doppelstrang-Molekül ein fluoreszierendes Farbstoff-Molekül.

Diese DNA-Doppelstränge werden zuerst durch ein geeignetes Lösungsmittel in die komplementären Einzelstränge aufgespalten. Nur der eine davon trägt die Fluoreszenz, während der andere „unsichtbar" ist. Er spielt bei der weiteren Analytik keine Rolle, stört aber auch nicht. Die sichtbaren DNA-Moleküle werden nun in einer sog. Kapillar-Elektrophorese voneinander getrennt. Dazu werden sie auf eine hauchdünne Säule von einem in einem Puffer von pH 8,0 befindlichen löslichen Gel gegeben.[159] Die Lösung enthält zudem noch eine höhere Konzentration an Harnstoff, um sicherzustellen, daß die DNA-Moleküle einzelsträngig bleiben. Der Innendurchmesser dieser Säule

---

[159] Vereinfacht gesagt. Die Zugabe erfolgt, indem die DNA-Moleküle zu Beginn des Versuchs mit Hilfe des elektrischen Feldes in die Kapillare „hinein gesaugt" werden (electrokinetic injection).

beträgt nur 50 μm, das entspricht der Dicke eines menschlichen Haars. Ihre Länge kann 25 bis 80 cm betragen. In der Routine üblich sind Längen von 36 bzw. 50 cm. Je länger die Kapillare, desto größer ist die Trennschärfe, desto länger dauert aber auch die Elektrophorese. Nun wird an beide Enden der Kapillare ein elektrisches Feld von 5 bis 20 Kilovolt angelegt. Trotz der denaturierenden Zusätze in der Lösung können die DNA-Einzelstränge bei niedrigen Temperaturen noch verschiedene Konformationen annehmen, die das Ergebnis der elektrophoretischen Auftrennung verfälschen würden. Um das zu verhindern, werden die Kapillaren in der Regel bei einer Temperatur von 60°C gehalten. Die negativ geladenen DNA-Stränge wandern nun in Richtung auf den positiven Pol des elektrischen Feldes. Das in der Kapillare vorhandene Gel hat Poren, durch die sich die DNA-Moleküle hindurch zwängen müssen. Die Wanderung der DNA im elektrischen Feld durch das Gel gleicht einem Hindernislauf. Je größer das DNA-Stück, desto stärker wird es von dem Gel zurückgehalten. Das bewirkt, daß die kleineren DNA-Moleküle schneller am Ende der Kapillare ankommen als die größeren. Am Ende der Strecke befindet sich nun eine komplizierte Apparatur, die es erlaubt, nach Anregung mit einem Laserstrahl, gleichzeitig die Anwesenheit verschiedener Fluoreszenzfarbstoffe, die sich durch die Wellenlänge des ausgesandten Lichtes unterscheiden, festzustellen und quantitativ zu erfassen. Registriert wird dann von einem Computer-gesteuerten System die Zeit, die verstrichen ist vom Start des Versuchs bis zum Eintreffen des fluoreszenzmarkierten DNA-Moleküls beim Detektor.

Durch Markierung der entsprechenden Primer mit unterschiedlichen Farbstoff-Molekülen kann man mit dieser Methode mehrere verschiedene STRs gleichzeitig nebeneinander testen. Um die gemessenen Zeiten in DNA-Kettenlängen umzurechnen, setzt man dem Reaktionsgemisch gleich einen standardisierten Eichsatz aus DNA-Stücken verschiedener bekannter Länge zu, die mit einem für sie spezifischen Fluoreszenzfarbstoff markiert sind. Aus deren Durchlaufzeiten errechnet der Computer dann die Kettenlängen der zu analysierenden DNA-Moleküle aus deren Durchlaufzeiten.

Die einzelnen Allele eines bestimmten STRs unterscheiden sich in der Anzahl der sich wiederholenden Sequenzblöcke, meist Vierer- bis Sechserfolgen von Nukleotiden. In manchen Fällen treten auch Unterschiede von nur 2 Nukleotiden (halbe Vierersequenz) auf. Alle diese Unterschiede sind in der Kapillar-Elektrophorese deutlich sichtbar. Um zu einer weiteren Absicherung der Richtigkeit des Ergebnisses zu gelangen, läßt man – parallel zur eigentlichen Analyse – noch eine „Allelen-Leiter" (allelic ladder) mitlaufen. Diese „Leiter" erhält man, wenn man aus einem Gemisch verschiedener menschlicher DNA-Proben, die alle möglichen Varianten des betreffenden STR enthält, mit dem gleichen Primer-Paar, das man zur Analyse der unbekannten Probe verwendet, die PCR-Vermehrungszyklen durchläuft. Sie enthält alle für diesen STR möglichen PCR-Produkte. Diese „allelic ladders" sind für jeden STR kommerziell erhältlich. Sie werden dann nach Zugabe des gleichen DNA-Eichsatzes parallel zur Analysenprobe in einer zweiten Kapillare der Elektrophorese unterworfen.

Mit modernen Analysenautomaten kann man bis zu 96 einzelne Kapillaren parallel laufen und per Computer automatisch auswerten lassen, z.B. mit dem „3730xl DNA Analyzer" der Firma Life Technologies.

Dieser Stand der Methodenentwicklung erleichtert eine Massen-Testung im räumlichen Umfeld eines Verbrechens. So wurden in Europa bis 2006 insgesamt 439 Massen-Tests mit z.Tl. mehr als 10.000 Probanden durchgeführt. In 72 % der Fälle konnte so der Täter überführt werden.[160] Beispiele:

Fall 1: Im März 1998 wurde in Norddeutschland ein 11-jähriges Mädchen vergewaltigt und ermordet. Nach einer Profiler-Analyse wurde der Täterkreis auf Männer im Alter von 18 bis 30 Jahren eingeengt. Von 11.200 Freiwilligen wurden DNA-Proben entnommen. Im folgenden Mai brachte Probe Nr. 3889 den Treffer. Der Mörder gestand noch eine weitere Tat und wurde verurteilt.

Fall 2: Zwischen 1998 und 2003 gab es in einer norddeutschen Großstadt eine Serie von Vergewaltigungen. Bei vier Fällen deuteten die DNA-Spuren auf den gleichen Täter hin. Der Täterkreis konnte auf einen Stadtteil und auf Männer zwischen 24 und 46 Jahren eingegrenzt werden. Etwa 2300 Probanden sollten untersucht werden. Davon verweigerten etwa 100 Personen eine Probenahme. Diese wurden näher befragt. Einer von ihnen hatte kein Alibi. Ihm wurde aufgrund eines Gerichtsbeschlusses zwangsweise eine DNA-Probe entnommen. Der Abgleich mit dem Täterprofil zeigte volle Übereinstimmung. Der Täter gestand und wurde verurteilt.[161]

Fall 3: Ein weiteres illustratives Beispiel zeigt, was die Routinemethode inzwischen leistet. Im Herbst 2010 untersuchte man am Institut für Rechtsmedizin der Universität Kiel eine DNA-Probe aus dem Jahre 1984. Sie stammte von einem bisher nicht aufgeklärten Sexualmord, dem eine 18-jährige Schwesternschülerin zum Opfer gefallen war. Aus der Umgebung des Tatortes wurden 150 Männer getestet. Der Täter war nicht darunter. Jedoch wies das DNA-Profil eines der Probanden Gemeinsamkeiten mit dem Täterprofil auf. Weitere Untersuchungen im familiären Umkreis dieses Probanden ergaben, daß einer seiner Brüder der Täter war. Der mittlerweile 65-jährige Täter gestand bereits in Untersuchungshaft diesen und vier weitere Sexualmorde, die er zwischen 1969 und 1984 begangen hatte.[162]

Ein Problem in der forensischen DNA-Analyse bereiten Proben mit stark degradierter DNA. Hier liegt dann die DNA bereits in kleinen Fragmenten vor, die mit der herkömmlichen STR-Analyse nur schwer faßbar sind. Normalerweise liegen die Primer-Bindungsstellen so weit von der jeweiligen variablen Region entfernt, daß die Produk-

---

[160] R. Wenzel (2006), *Report on Criminal Cases in Europe solved by ILS (DNA Mass Testing)*. European Network of Forensic Science Institutes (ENFSI), DNA Working Group. Von der homepage www.enfsi.eu abgerufen am 24. Jan. 2014.
[161] Wenzel (2006), l.c.
[162] Frankfurter Allgemeine Zeitung vom 23. Dezember 2011.

te der PCR-Vermehrung, die dann elektrophoretisch aufgetrennt werden, zwischen 376 und 449 Nukleotide lang sind. Indem man neue Primer-Sequenzen auswählt, die dichter an den variablen Regionen liegen, erhält man PCR-Produkte von nur 94 bis 167 Nukleotiden Länge. Man nennt diese dann „miniSTRs". Sie bieten den Vorteil, daß mit ihnen oft noch die Analyse degradierter DNA möglich ist. Der Nachteil ist, daß nicht so viele STR in einem Test parallel im „Eintopfverfahren" getestet werden können, wie mit der herkömmlichen Methode.[163]

Eine weitere Methode, die sich für die Analytik degradierter DNA eignet, ist der Test auf genetische Varianten, bei denen sich die Allele nur in einem einzigen Basenpaar unterscheiden. Das sind die sog. „Single Nucleotide" Polymorphismen (SNP). Sie treten im Bereich der Gene (Exon sowohl wie Intron) auf und in DNA-Abschnitten unbekannter Funktion. Während die STRs einer spontanen Mutationsrate von $1{:}10^3$ unterliegen, sind die SNPs stabiler mit einer Rate von nur $1{:}10^9$. Da sie aber nur 2 bis maximal 3 Allele je SNP haben, muß man sehr viele SNPs testen, um die gleiche Trefferwahrscheinlichkeit zu erhalten wie mit den STRs. Dafür gestatten es die SNPs aber, einige Aussagen über phänotypische Merkmale, wie Augenfarbe, Hautfarbe oder ethnischen Hintergrund zu machen. In Gegenden mit geringer Bevölkerungsmobilität erlauben SNPs auch, die geographische Herkunft einer Person einzuengen.[164] Allerdings sind sich die Fachleute weltweit einig, daß es noch Jahrzehnte dauern wird – wenn es überhaupt gelingt – auf der Basis eines DNA-Profils, ein Phantombild des Täters zu erstellen.

Die Möglichkeit eine Herkunftsbestimmung mit Hilfe von SNPs vorzunehmen, nutzte ein internationales Forscherteam unter Beteiligung israelischer Kollegen, um die Herkunft der Juden der Diaspora aufzuklären. Durch Analyse von mehr als 200.000 SNPs konnten sie zeigen, daß die Juden der Diaspora genetisch eng miteinander verwandt sind und daß sie vor etwa 2500 Jahren im Nahen Osten eine einheitliche Volksgruppe darstellten.[165] Diese Befunde sind eine starke Stütze für die Legitimität des Staates Israel.[166] Ein zweites Team kam mit einer etwas anderen Methode zum gleichen Ergebnis.[167]

---

[163] Für Details s. Butler (2012), 295 ff.

[164] Butler (2012), 347 ff; Frudakis (2008); siehe auch die Reportage von M. Enserink in Science 331, 838-840 (2011).

[165] Gil Atzmon et al. (2010), *Abraham's Children in the Genom Era: Major Jewish Diaspora Populations Comprise Distinct Genetic Clusters with Shard Middle Eastern Ancestry*, Am. J. Hum. Genetics 86, 850-859. Siehe auch das Interview mit G. Atzmon in der Welt-online vom 30. August 2010: www.welt.de/9307900.

[166] www.juedische-allgemeine.de/article/view/id/7637 .

[167] D.M. Behar et al. (2010), *The genome-wide structure of the Jewish people*, Nature 466, 238-242.

Gibt es einen Jungbrunnen?

Unser Leben während siebzig Jahre, und wenn's hoch kommt, so sind's achtzig Jahre, und wenn's köstlich gewesen ist, so sind es Mühe und Arbeit gewesen; denn es fähret schnell dahin, als flögen wir davon.

Psalm 90, 10

Imagine yourself, in your thirties, learning that your attractive young dinner date is already 70.

Cynthia J. Kenyon

Entgegen früheren Annahmen der Forschung ist Altern kein reiner Abnutzungs- oder Verschleiß-Prozeß. Die mittlere aber auch die maximale Dauer eines Menschenlebens wird zentral von unserem Stoffwechsel gesteuert, auf der Grundlage der Aktivität unserer Gene. Optimiert worden ist die Lebensdauer eines Individuums unter dem Gesichtspunkt der Evolution, die allein danach fragt, was für den Erhalt und die Weiterentwicklung der Art am günstigsten ist. Lebensdauer, Altern und Tod in der belebten Natur gehorchen dem gleichen Prinzip, dem auch technische Geräte unterliegen. „Wenn die letzte Rate des Kühlschrankes bezahlt ist, dann darf er getrost nach absehbarer Zeit kaputt gehen." Denn sonst wird kein neuer, technisch weiter entwickelter Kühlschrank gekauft werden und eine technische Innovation wird verhindert. Fortschritt ist dann nicht mehr möglich. Die Herstellerfirma würde bankrott gehen, wenn ihre Kühlschränke ewig hielten.

Das sind – plakativ gesprochen – die Ergebnisse eines der faszinierenden Projekte der molekularbiologischen Forschung der vergangenen zwei Jahrzehnte, dem wir uns auf den folgenden Seiten widmen wollen. Wie so oft in der Forschung, sind auch hier eine Unzahl von Fragen ungelöst. Auch diese werden wir ansprechen.

Allgemeines

Seit Jahrtausenden träumen alternde Menschen davon, auf irgend eine Weise ihre verlorengegangene Jugend zurück zu gewinnen und wieder frei von den Beschwernissen des Alterns zu leben. In der Mythologie vieler Völker ist die Vorstellung lebendig, daß man durch Trinken aus einer heiligen Quelle oder aus einem magischen Brunnen seine Jugend – soweit noch vorhanden – erhalten oder – soweit nicht mehr vorhanden – wiedergewinnen könne. Dies ist das Motiv in der Erzählung *Der Unsterbliche* des argentinischen Schriftstellers Jorge Luis Borges (1899-1986).[168] Eine andere Vorstellung manifestiert sich in dem berühmten Gemälde von Lucas Cranach dem Älteren *Der Jungbrunnen* aus dem Jahre 1546. Dort sieht man, wie auf der einen Seite Greisinnen

---

[168] Borges (1974)..

in einen Swimmingpool steigen, um an der anderen Seite als Jugendliche herauszukommen.

Die Chinesen suchten im Umfeld des religiösen Daoismus der ersten nachchristlichen Jahrhunderte nach einem *Elixier*, mit dem sie einerseits unedle Metalle in Gold verwandeln und andererseits die Dauer des irdischen Lebens verlängern konnten. Diese Elixiere bestanden meist aus hochgiftigen Schwermetallverbindungen. Sie bewirkten keinesfalls irdische Langlebigkeit oder gar Unsterblichkeit. Vielen Gläubigen, darunter auch Kaisern, brachten sie vielmehr Siechtum und frühen Tod. Das sprach sich auch allmählich herum und um 800 n. Chr. verlor man an diesen Gebräuen das Interesse. Dafür kam die Idee des *Inneren Elixiers* auf. Dieses kann man sich als eine Art im Bauchraum des Menschen angesiedeltes Steuerzentrum vorstellen, das nach Vorstellung der Daoisten unsere Lebensspanne steuert. Der Adept kann dieses Zentrum vielfältig beeinflussen. Z.B. durch Einnehmen eines *Äußeren Elixiers* (wenn es denn nicht giftig ist), aber auch – und das ist unter dem Gesichtspunkt der heutigen Altersforschung wichtig – durch Hygiene, entsprechende Ernährung, Gymnastik oder auch durch bestimmte sexuelle Praktiken.[169]

Zurück nach Europa. Hier veröffentlichte 1933, noch unter dem Eindruck schrecklicher Erlebnisse aus dem 1. Weltkrieg stehend, der britische Schriftsteller, James Hilton, seinen utopischen Roman *Der verlorene Horizont*. Im Zentrum dieses Buches steht ein Kloster namens *Shangrila*, das an einem sagenumwobenen fiktiven Ort irgendwo in Tibet angesiedelt ist. Es liegt auf einem Gebirgssattel unterhalb eines riesigen schneebedeckten Berges und beherrscht ein tiefer gelegenes paradiesisches fruchtbares Tal. Die Mönche/Lamas des Klosters kommen aus allen Kulturen und Religionen. Sie haben eine Methode entwickelt, die der Autor dem Leser aber verschweigt, um sowohl die körperlich aktive Lebenszeit um ein Mehrfaches zu verlängern, als auch ein Ausdehnen des Alters bei vorzüglicher Gesundheit und höchster geistiger Klarheit zu erzielen. Einzelne können dabei ein Lebensalter von weit über 250 Jahren erreichen. Verlassen die Adepten jedoch ihren mystischen Ort, so altern sie binnen Tagen und Wochen bis sie sterben oder den ihrem wirklichen Alter entsprechenden Zustand erreichen.[170]

Der eingangs zitierte Psalm spricht wohl nicht von der durchschnittlichen statistischen Lebenserwartung des Menschen, sondern von der maximal erreichbaren Lebenszeit. Diese hat sich in den Jahrtausenden, die seit der Abfassung des Psalms vergangen sind, um mehr als 20 Jahre verschoben. Als diese Zeilen geschrieben wurden, lasen wir in den Zeitungen von einem Firmengründer (Werner Otto), der im Alter von 102 verstarb und von einem bekannten Schauspieler und Entertainer (J. Heesters), der im Alter von 108 Jahren verschied. Gleichzeitig lasen wir von einem Hundertjährigen aus Indien,

---

[169] Wulff (2006), 139; Darga (1999).
[170] James Hilton (2001). Zu Shangrila (auch Shangri-La) s. auch unter Wikipedia.

einem Herrn Fauja Singh, der im Oktober 2011 in Toronto erfolgreich an einem Marathonlauf teilnahm. Ein noch höheres Alter hat die Französin, Jeanne Calment erreicht, die im Jahre 1997 im Alter von 122 Jahren starb. Als sie vor einigen Jahren – damals war sie erst zarte 115 Jahre alt – interviewet wurde, klagte sie über eine leicht demente Mitbewohnerin in ihrem Altenheim und sagte recht vorwurfsvoll: „Die ist ja noch nicht einmal hundert."

Angaben über Durchschnittsalter und über Lebenserwartungen sind schwierig zu interpretieren. Hier lauern nämlich alle Fallstricke der Statistiken. So steigt die statistische Lebenserwartung mit dem Alter der Personen. Ein Mensch hat an seinem 60. Geburtstag eine wesentlich höhere Lebenserwartung als er sie vor sechzig Jahren bei seiner Geburt hatte, einfach allein deswegen, weil alle Personen seines Jahrganges, die vor Erreichen des 60. Lebensjahres bereits gestorben waren, in seiner Statistik nicht mehr auftauchen. So können in einer Gesellschaft mit hoher Kindersterblichkeit in der die durchschnittliche Lebenserwartung eines Neugeborenen vielleicht nur 40 Jahre beträgt, sehr wohl viele Hundertjährige eines Jahrganges auftreten. Problematisch sind auch Vergleiche der Lebenserwartung verschiedener Berufsgruppen. So ist innerhalb der gleichen Gesellschaft und des gleichen Geburtsjahrganges die Lebenserwartung eines Handwerksgesellen wesentlich geringer als die eines Bankdirektors. Der Grund ist einfach, daß man in der Regel Anfang Zwanzig bereits Handwerksgeselle ist, als Bankdirektor aber meist über Vierzig. Bei der Berechnung der Lebenserwartung eines Geburtsjahrganges hängt das Ergebnis auch entscheidend davon ab, wie man Fehlgeburten von Totgeburten und Säuglingssterblichkeit abgrenzt. So rechnen einige Länder Neugeborene, die innerhalb der ersten 24 Stunden nach der Geburt sterben, als Totgeburten, sie haben daher in ihrer Statistik eine besonders niedrige Säuglingssterblichkeit. Andere Länder wieder rechnen jeden Todesfall eines lebend Geborenen als Säuglingssterblichkeit. In ihrer Statistik tritt daher eine höhere Säuglingssterblichkeit auf.

Im Tierreich hat jede Spezies eine andere Lebenserwartung. Bei Säugetieren kann man grob sagen, daß bei kleinen Tieren die Lebensspanne kürzer ist als bei großen. Es wurde daher vor mehr als hundert Jahren eine Theorie entwickelt, die besagt, daß diese Unterschiede etwas mit dem Energiestoffwechsel zu tun haben könnten[171]. Demnach würden die kleinen Tiere, bezogen auf ihr Körpergewicht, mehr Energie erzeugen müssen um Wärmeverluste auszugleichen, als größere Tiere. Das erweist sich jedoch sogleich als ein Irrweg, wenn man andere Warmblüter aus der Familie der Vögel betrachtet. So wird ein Kolkrabe z.B. 70 bis 100 Jahre alt, ein Kondor nur 50 bis 60 und ein Weißstorch nur 20 Jahre alt. Hier findet man keinen Zusammenhang zwischen Größe und Alter. Also kann diese Theorie nicht stimmen. Aber auch bei Säugetieren hält diese Theorie bei näherer Betrachtung nicht stand. So erreicht ein Kaninchen ein Alter von 10 Jahren, während der (kleinere) Nacktmull 30 Jahre alt wird; ein Schwein hingegen nur 15 Jahre. Auch eine weitere Hypothese, daß das Lebensalter, welches

---

[171] Max Rubner (1908); Heinrich Brauckmann (1983); Caleb E. Finch (1990), 248 ff.

Individuen einer Spezies erreichen mit dem Gehirnvolumen ihrer Art korreliert (Je größer das Gehirn, desto langlebiger), war bei näherer Betrachtung nicht haltbar. Allerdings ist bei Affen der „alten Welt", einschließlich der Primaten und der Menschen, eine doppelt-logarithmische Beziehung zwischen erreichbarer Lebensdauer, Körpermasse und Hirnvolumen erkennbar: Je größer im Durchschnitt der Individuen einer Art der Körper und je größer das Gehirn, desto älter werden die Individuen. Allerdings handelt es sich um keine sehr exakte Beziehung. Zudem fallen die Affen des amerikanischen Kontinents, die Affen der „neuen Welt" aus dieser Gesetzmäßigkeit heraus.[172]

Vereinfacht gesprochen, kann man in der Natur von einer sozusagen von innen her vorgegebenen Lebensdauer der Individuen einer Art sprechen, die in einer sicheren Umgebung, z.B. im Zoo, erreicht wird. Dem gegenüber steht die von außen vorgegebene Lebensdauer in freier Natur, die vor allem durch Unbilden der Witterung, unsicheres Nahrungsangebot und Freßfeinde bestimmt wird. Die von innen her vorgegebene Lebenserwartung scheint sich an der von außen bestimmten zu orientieren, vielleicht aus rein ökonomischen Gesichtspunkten. Es lohnt sich nicht, einen Körper auf eine Lebenserwartung von 100 Jahren auszurichten, wenn er – rein statistisch betrachtet - bereits nach einem Jahr gefressen wird. [173] Die relative Langlebigkeit des Nacktmulls wird auch damit begründet, daß diese Tiere in ihren Höhlen und Gängen vor Nachstellungen durch Freßfeinde sicher seien. Das gleiche Argument erklärt die längere Lebenserwartung der flugfähigen Vögel im Vergleich zu ihren flugunfähigen Artgenossen: Sie können Feinden leicht entfliehen. Jedoch kommt noch ein weiterer Parameter ins Spiel: Bei in Sozialverbänden lebenden Tieren, wie dem Nacktmull, scheint allgemein die Lebenserwartung höher zu sein als bei einzeln oder paarweise lebenden Verwandten.[174]

Ein generelles Problem bei allen Statistiken bezüglich der Lebenserwartung von Tieren ist die Anzahl der beobachteten Individuen. Diese ist in der Regel zu gering, um zu statistisch aussagekräftigen Ergebnissen zu kommen. Das gilt vor allem für Wildtiere, auch wenn sie in der Sicherheit eines Zoos gehalten werden. Ähnlich unsicher sind Angaben über die Abhängigkeit der Sterblichkeit vom Lebensalter. So geht man davon aus, daß die Überlebensrate beim Menschen mit den Jahren ansteigt, wobei allerdings jenseits des 85. Lebensjahres die Datenlage immer dürftiger wird. Bei mediterranen Fruchtfliegen z.B. sinkt die Sterblichkeitsrate in höherem Alter.

Zusammenfassend kann man sagen, daß das Altern und die Lebenserwartung auf der Ebene der Phänomene keine eindeutigen Gesetzmäßigkeiten erkennen lassen. Statistische Daten bezüglich höherer Organismen, bei denen nur begrenzte Anzahlen von Individuen untersucht werden können, sind mit Vorsicht zu interpretieren. Marginale Effekte sind von beschränkter Aussagekraft. Alle verfügbaren Zahlen bezüglich Le-

---

[172] J. R. Carey (2003), 213 ff, 233 ff.
[173] D. Kipling (1995), 140.
[174] E. B. Kim et al. (2011) Nature 479, 223-227. L. Keller u. M. Genoud (1977) Nature 389, 958-960.

benserwartung bei höheren Organismen stellen daher nur ungefähre Werte dar. Wie wir im folgenden sehen werden, liefert uns die molekularbiologische Forschung allerdings in den vergangenen Jahrzehnten signifikantere Effekte.

Molekularbiologische Altersforschung

Wie in anderen Teilgebieten der Naturwissenschaften üblich, gewinnt man auch in der Molekularbiologie des Alterns Erkenntnisse beim Studium einfacher Modellsysteme. Das sind hier vor allem relativ „primitive" Eukaryonten[175], wie knospenden Hefezellen, bei denen sich die Zellen nicht teilen, sondern die Tochterzellen durch Knospung von der Mutterzelle abgespalten wird.

Ferner ist heutzutage der Modellorganismus *par excellence* ein Nematodenwurm mit dem unaussprechlichen Namen *Caenorhabditis elegans*, nur wenige Millimeter groß, der im Erdboden lebt und sich dort von Bakterien ernährt. Kaum einen mehrzelligen Organismus kennen die Biologen so genau, wie diesen Wurm. Er ist aus knapp eintausend Zellen aufgebaut und hat sogar ein rudimentäres Nervensystem. *C. elegans* hat eine Lebenserwartung von etwas mehr als 20 Tagen. Forscher fanden Mutanten dieses Wurms, bei denen ein oder mehrere Gene verändert wurden, die zwei- bis zehnmal so lange lebten wie die Wildtypen. Und das bei höchster Vitalität und bester Gesundheit. Das bedeutet, daß hier nicht die letzte Lebensphase mit Altersgebrechen und Siechtum verlängert wurde, sondern die gesunde aktive. Durch diese Mutationen wird also auch das Auftreten altersspezifischer Krankheiten hinausgezögert. Auf den Menschen übertragen bedeuten diese Befunde, daß nicht nur das Leben verlängert wird, sondern daß auch alle Abnutzungserscheinungen wie Gesichtsfalten, Katarakt, Arthrose oder Schwerhörigkeit und sogar die Anfälligkeit für Kreislauferkrankungen und das Auftreten von Tumoren, auf ein höheres Lebensalter hin verschoben werden. Gäbe es beim Menschen derartige Mutanten, könnte man heute z.B. einem rüstigen Greis begegnen, der bereits mit Martin Luther ein Bier getrunken hatte.

Eine nähere Analyse dieser Mutationen ergab, daß sie wenige Gene betreffen, die an zentraler Stelle für die Regulation des Stoffwechsels zuständig sind, indem sie sogenannte Signalwege steuern. Diese Gene werden durch die Mutationen in ihrer Aktivität gemindert. Von ihrer Funktion hängt eine Unzahl von Enzym-Konzentrationen und Rezeptoraktivitäten in verschiedenen Teilen des Organismus ab. Man ist hier mit einer verwirrenden Anzahl von Folgereaktionen konfrontiert, die auch für den Fachmann noch viele Rätsel bergen. Da es zu weit gehen würde, diese Einzelheiten hier darzu-

---

[175] Eukaryonten sind alle Lebewesen, deren Zellen einen Zellkern enthalten, also alle Pilze, Pflanzen und Tiere.

stellen, sei der tiefer interessierte Leser auf Übersichtsartikel verwiesen, die ihm auch den Zugang zu den Originalarbeiten eröffnen.[176]

Eine wichtige Rolle scheint auch die Reproduktionsfähigkeit bei der Lebenserwartung zu spielen. So fand man, daß „jungfräuliche" *Drosophila*-Fliegen länger leben, als solche, die bereits ihre Pflichten zur Arterhaltung absolviert hatten. Bei *daf*-2 Mutanten (s.u.) von *C. elegans*, die für sich allein nur eine zweifache Lebenszeit-Verlängerung bewirken, konnte man den Effekt noch weiter steigern, indem man die Keimbahn oder das gesamte Reproduktionsorgan der Würmer entfernte. So erhielt man vitale Mutanten mit 6-facher Lebensdauer.

Einen ähnlich lebensverlängernden Effekt wie durch Mutationen kann man auch durch eine Begrenzung der Nährstoffe, also durch Fasten, erreichen. Auf diese Weise kann man bei *C. elegans* und bei Hefe allein durch Diät eine zwei- bis dreifache Lebensverlängerung erreichen. Eine Mutation, die beim Nematodenwurm so wirkt wie eine unterkalorische Diät, vermindert die Aktivität des bereits genannten Gens namens *daf*-2, das einen Hormonrezeptor kodiert, der ähnlich den Rezeptoren für Insulin und IGF-1 beim Menschen wirkt. Man sagt auch, *daf*-2 steuert den Insulin/IGF-1 Signalweg. Auch die übrigen zentral wirksamen Gene, die von lebensverlängernd wirkenden Mutationen betroffen sind, finden sich – in der einen oder anderen Form – bei allen höheren Organismen von der Hefe bis zum Menschen. Sie sind, wie der Evolutionsbiologe sagt, konserviert, d.h. sie gingen im Laufe der Evolution nicht verloren. Das bedeutet, daß sie von der Natur als besonders wichtig, ja vielleicht als unverzichtbar, erachtet werden.

Die erwähnten Hefezellen können im Rahmen einer „Knospung" etwas mehr als zwanzigmal je eine Tochterzelle abstoßen. Bei jedem Knospungsvorgang verbleiben „Schadstoffe" in Form von ringförmigen RNA-Molekülen in der Mutterzelle. Schließlich nehmen diese derart überhand, daß die Mutterzelle abstirbt. Durch Mutationen, kombiniert mit Fasten, kann man bei der Hefe die Zahl der Knospungsschritte bis zum Faktor zehn steigern und damit die Lebensdauer der Mutterzelle um etwa den gleichen Faktor erhöhen.

Bei der Fruchtfliege *Drosophila* findet man Mutanten, die bis zu 70 % länger leben als die Wildtypen. Bei Mäusen kann man durch Mutationen die Lebensdauer um 50 % steigern. Sind diese Befunde auf den Menschen übertragbar? Beobachtungen zeigen, daß dies durchaus möglich sein könnte. Man weiß, daß in bestimmten Familien und auch in räumlich abgegrenzten Bevölkerungsgruppen eine signifikant höhere Anzahl hochbetagter Menschen auftreten kann als im Durchschnitt der Bevölkerung. Es liegt nahe, dafür genetische Faktoren verantwortlich zu machen. Zudem fand man bei den menschlichen Analogen zu den in den Modellorganismen untersuchten Regulatorge-

---

[176] J. Vijg u. J. Campisi (2008), Nature 454, 1065-1071; L. Fontana et al. (2010), Science 328, 321-326; Cynthia J. Kenyon (2010), Nature 464, 504-512; s. auch Y.V. Budovskaya et al. (2008), Cell 134, 1-13.

nen Veränderungen in Gruppen von Hundertjährigen bei Ashkenasi-Juden, bei Japanern und bei verschiedenen europäischen Populationen.

Medikamente

Wenn man den Effekt einer Lebensverlängerung durch Minderung der Aktivität eines Gens oder gar durch dessen Ausschaltung erreichen kann, so lassen sich zwei Schlußfolgerungen ziehen: Das Gen wirkt direkt im Sinne einer Lebensverkürzung. Daraus folgt, daß man den gleichen Effekt erzielen kann, wenn man das Produkt dieses betreffenden Gens innerhalb des Stoffwechsels in seiner Aktivität hemmt oder gar blockiert. Das Prinzip, einen Vorgang im Stoffwechsel gezielt und selektiv zu hemmen, liegt der Wirkung vieler Arzneimittel zugrunde. Es besteht hier also grundsätzlich die Möglichkeit, ein Arzneimittel zu entwickeln, mit dessen Hilfe man in gleicher Weise die Lebensdauer eines Organismus verlängern kann, wie mit den eingangs erwähnten Mutationen. In der Tat gibt es hier bereits erste Ansätze.

Das Gen TOR kodiert eine sogenannte Protein-Kinase, ein Enzym, das andere Proteine phosphoryliert und damit deren biologische Aktivität verändert. In diesem Fall steuert die Kinase die Proteinbiosynthese. Vom Genprodukt des Gens TOR ist bekannt, daß es durch ein Antibiotikum der Makrolid-Gruppe, das Rapamycin, gehemmt wird. Daher rührt auch der Name TOR, eine Abkürzung des englischen „**T**arget **O**f **R**apamycin"[177]. Rapamycin wird von einem auf der Osterinsel (polynesisch: Rapa Nui) gefundenen Mikroorganismus produziert. Es wird bereits in der Medizin u.a. als Immunsuppressor zur Verhinderung von Abstoßungsreaktionen bei Organtransplantaten eingesetzt sowie zur Behandlung diverser Tumor-Arten. Gibt man Mäusen Rapamycin, so beobachtet man eine signifikante Verlängerung der Lebensdauer. Dieser Effekt tritt auch ein, wenn man die Substanz älteren Mäusen im Lebensalter von 600 Tagen verabreicht. Das entspricht beim Menschen einem Alter von etwa 60 Jahren. So behandelte weibliche Mäuse lebten um 14 % länger als unbehandelte Tiere; die Männchen erreichten ein um 9 % höheres Alter.[178] Zuvor hatten Forscher bereits gefunden, daß Rapamycin die Lebensdauer von knospender Hefe, *C. elegans* und *Drosophila* erhöht. [179]

Einer weiteren interessanten Substanz wurde eine lebensverlängernde Wirkung bei Hefe, *C. elegans*, Fruchtfliegen und kurzlebigen Fischen zugeschrieben. Es handelt sich um Resveratrol, ein Polyphenol, das im Rotwein vorkommt. Die Ergebnisse sind allerdings noch widersprüchlich. Das Resveratrol sollte bestimmte Enzyme aktivieren, die sogenannten Sirtuine, denen man auch eine Schlüsselrolle bei der Lebensdauer-Steuerung zuschrieb. Nach neuesten Untersuchungen ist allerdings die Rolle der Sir-

---

[177] Das TOR-Gen bei Säugetieren und beim Menschen wird auch „mTOR" genannt, von „mammalianTOR".

[178] D. E. Harrison (2009), Nature 460, 392-395.

[179] M. Kaeberlein (2010), Nature 464, 513-519.

tuine und der Effekt des Resveratrol mehr als zweifelhaft, was manch ein Liebhaber des Rotweins bedauern mag.[180]

In den USA wurden 88.000 chemische Verbindungen daraufhin getestet, ob sie die Lebensspanne von *C. elegans* erhöhen. Darunter fanden sich 58 Verbindungen, die zu einer Verlängerung der Lebensdauer um 10 bis 60 % führten, darunter auch ein Antidepressivum.[181]

Die Forschung wird noch viele mögliche Substanzen liefern, die an irgend einer Stelle in den Alterungsprozeß eingreifen. Eine einfache Lösung, die uns eine nebenwirkungsfreie „Pille der Unsterblichkeit" beschert, ist sicher nicht in Sicht. Dazu scheint das Geflecht der Vorgänge im Körper, die das Altern bestimmen, viel zu komplex zu sein. Die Forschung steht hier noch am Anfang. Sicher scheint nur zu sein, daß das Altern einem höchst komplexen Mechanismus gehorcht, der von mehreren zentralen Genen gesteuert wird, die dann Kaskaden von Folgereaktionen in Gang setzen. In dieses komplexe System pharmakologisch eingreifen zu können, erscheint heute als eine verwegene Vorstellung. Wenn Menschen z.B. Rapamycin regelmäßig einnähmen um damit ihr Leben zu verlängern, würden sie aufgrund der schweren Nebenwirkungen ähnliche Erfahrungen machen, wie die chinesischen Adepten mit ihren Elixieren vor beinahe zwei Jahrtausenden.

Ein Seiteneffekt könnte sich für die Behandlung bestimmter Erbkrankheiten ergeben, den sogenannten Progerien, bei denen die Patienten sehr rasch altern und z.Tl. bereits als Teenager oder in den Zwanzigern ein Greisenalter erreichen und sterben. Allerdings sind diese Erkrankungen sehr selten, sie treten bei einer von hunderttausend bis einer Million Geburten auf. Es ist allerdings mehr als unwahrscheinlich, daß – auch wenn man zu einem späteren Zeitpunkt eine gründliche Kenntnis der Vorgänge hat, die uns altern lassen – ein Pharmaunternehmen ein derartiges Therapeutikum entwickeln wird. Dafür sind die Fallzahlen zu gering. Immerhin würde seine Entwicklung (nach heutigem Geld) mindestens eine Milliarde Euro kosten. Ein Präparat, das bei dauernder Einnahme die Lebensdauer verlängert, würde wahrscheinlich noch wesentlich teurer werde, da es praktisch frei von allen Nebenwirkungen sein sollte.

---

[180] C. Burnett et al. (2011) Nature 477, 482-485; s. auch den Kommentar von J. Couzin-Frankel (2011) Science 334, 1194-1198. Noch schlimmer: Auch die angebliche Schutzwirkung gegen Herzerkrankungen des Resveratrol scheinen sich als bewußte Fälschungen des verantwortlichen Wissenschaftlers zu entpuppen, s. Science (2012) 335, 271.
[181] M. Petrascheck et al. (2007), Nature 450, 553-556.

Telomere

Ein völlig anderer Ansatz zur Erklärung des Alterns betrachtet die Endbereiche der Chromosomen in den Körperzellen. Die Duplikation der DNA (der Sitz der genetischen Information) erfolgt bei Bakterien und vielen Viren meist ausgehend von einer ringförmigen Anordnung der DNA, und ist damit vom Mechanismus her relativ unproblematisch. In den Chromosomen höherer Organismen haben wir es jedoch mit linearer DNA zu tun. Um in diesem Fall eine Replikation zu ermöglichen, enthalten die Chromosomen an ihren Enden besondere DNA-Sequenzen, die keine funktionalen Genprodukte kodieren. Diese, Telomere genannten Einheiten, verhindern auch ein „Zusammenkleben" der Chromosomen, wenn an ihren Enden Brüche auftreten. Sie sind daher auch unverzichtbar für die Stabilität der Chromosomen. Bei jeder Zellteilung werden die Telomere, bedingt durch den bei Eukaryonten besonderen Mechanismus der DNA-Replikation, kürzer. Sind sie nach vielen Zellteilungen „abgenutzt", kann sich die Zelle nicht mehr teilen. Die DNA-Sequenz der Telomere ist bei den meisten Eukaryonten in höchstem Maße konserviert. Sie wird also von der Natur als besonders wichtig angesehen.

Manche Zell-Linien aus höheren Organismen verfügen über ein Enzym, die Telomerase, mit dessen Hilfe sie immer wieder ihre Telomere verlängern können. Die Aktivität der Telomerase nimmt jedoch meist mit dem Alter der Zellen ab, so daß es letztlich doch zu einer Verkürzung der Telomere kommt. Die Zellen altern. Es lag aufgrund dieser Beobachtungen nahe, im Verlust der Telomere eine Ursache des Alterns, nicht nur der Zellen sondern auch des Gesamtorganismus, zu sehen. Das scheint jedoch nicht unbedingt der Fall zu sein. Mäuse mit einer erhöhten Telomerase-Aktivität lebten zwar länger als die Wildtypen, zeigten jedoch – im Gegensatz zu den bereits beschriebenen Tieren mit Mutationen in den Stoffwechselregulator-Genen – keine bessere Gesundheit als die Wildformen. Im Gegenteil: Sie waren vielmehr verstärkt anfällig gegenüber verschiedenen Tumor-Erkrankungen. Auch in den meisten menschlichen Tumorzellen fand man entweder eine erhöhte Telomerase-Aktivität oder einen alternativen Mechanismus zum Telomeren-Erhalt.[182]

Telomere spielen ganz sicher eine entscheidende Rolle in Zellkulturen im Laboratorium, vor allem bei der Frage, wie oft sich eine Zell-Linie teilt (d.h. wie lange sie sich im Labor hält) oder ob sie, wie manche Tumor-Zellinien, „unsterblich" ist. Ob und, wenn ja, welche Bedeutung den Telomeren beim Alterungsprozeß eines Organismus zukommt, ist bisher unklar.

---

[182] D. Kipling (1995); T. Finkel et al. (2007) Nature 448, 767-774.

Probleme

Bei allen Fortschritten der molekularbiologischen Altersforschung: Was letztlich Altern ist, können die Fachleute bisher nicht beantworten. Sicher umfaßt es auch die Summe diverser Verschleißprozesse, die sich allerdings, durch Gene gesteuert, vom Stoffwechsel des Organismus aufhalten lassen. Altern scheint auf einem hochkomplexen Zusammenwirken verschiedenster Bereiche des Gesamtstoffwechsels eines Organismus zu basieren. Die wesentlichsten Regelmechanismen dieses Systems sind im Laufe der Evolution erhalten geblieben. Von der Maus mit einer Lebensspanne von 2 Jahren bis zum Menschen mit einer von mehr als 100 Jahren hat sich dieses System im Laufe der Evolution aufgesplittert. Das zeigt, daß es über eine beträchtliche Plastizität verfügt. Es war im Laufe der Evolution sozusagen formbar und veränderbar und wurde an diverse Umweltbedingungen angepaßt. Es besteht also grundsätzlich, wie auch die Versuche mit Mutationen und das Beispiel des Rapamycin zeigen, die Möglichkeit, durch Eingriffe in diesen Mechanismus die Lebenserwartung von Säugetieren und selbst die des Menschen signifikant zu verlängern. Das kann aber nur auf der Basis einer genauen Kenntnis aller zugrundeliegenden Mechanismen gelingen. Und davon ist die Forschung noch weit entfernt.

Nehmen wir einmal an, es würde gelingen, durch Einsatz eines Arzneimittels das Leben der Menschen soweit zu verlängern, daß einige von uns ein gesundes Alter von 500 Jahren erreichen. Die Frauen wären dann vielleicht noch im Alter von 350 Jahren gebärfähig. Dann stellt sich – vor dem Hintergrund der bereits bestehenden Überbevölkerung der Erde – das Problem, wie man alle diese Menschen ernähren soll. Eine zweite wichtige Frage wäre, wer denn ein Anrecht hätte auf das Medikament, ob dann ein „Menschenrecht auf Langlebigkeit" formuliert würde. Wie schafft es dann das Gehirn, die im Laufe von 500 Jahren auf einen Menschen einwirkende Informationsmenge zu verarbeiten? Durchläuft man dann aufeinander folgende Phasen des Lernens und Vergessens, wie es Borges in seiner Erzählung *Der Unsterbliche* schildert? Wird der Mensch dann doch irgend wann einmal seines Alters überdrüssig und sucht nach einem Gegenmittel gegen die Langlebigkeit? Borges läßt seinen Helden, der vor Jahrtausenden durch einen Trank aus einem Bach die Unsterblichkeit erlangte, intensiv nach einem anderen legendären Gewässer suchen, das den Fluch der Unsterblichkeit aufhebt und ihn nach einiger Zeit sterben läßt. Er findet es, trinkt daraus und ist glücklich. Dies sind alles Probleme, welche auftreten, wenn es uns gelingen sollte, abrupt die Lebenszeit zu verlängern. Es könnte jedoch auch sein, daß wir im Laufe der weiteren Evolution auf rein natürlichem Weg zu einer höheren Lebenserwartung des Menschen kommen werden und daß sich die Menschheit langsam daran gewöhnt. Wir haben uns schließlich auch daran gewöhnt, daß wir heute, im Vergleich zu biblischen Zeiten, mit einer um zwei bis drei Jahrzehnten längeren Lebensdauer rechnen können.

Literatur

Bar-Yam, Yaneer (1997),
Dynamics of Complex Systems,
Reading, MA (Addison-Wesley).

Beurton, Peter J., **Falk**, Raphael, **Rheinberger**, Hans-Jörg, Hrsg. (2000),
The Concept of the Gene in Development and Evolution. Historical and Epistemological Perspectives,
Cambridge, UK (Cambridge University Press).

Bignell, David Edward, **Roisin**, Yves und **Lo**, Nathan, Hrsg. (2011),
Biology of Termites: A Modern Synthesis,
Dordrecht u.a. (Springer).

Bochenski, Joseph M. (2002),
Formale Logik, 5. Aufl.,
Freiburg und München (Alber).

Borges, Jorge Luis (1974), *Der Unsterbliche*, in: derselbe,
Die Bibliothek von Babel, Erzählungen,
Stuttgart (Reclam).

Brauckmann, Heinrich (1983),
Max Rubners Untersuchungen der Beziehungen zwischen Stoff- und Energieumsatz im Organismus,
Dissertation Universität Bonn.

Brock, Thomas D.(1978)
Thermophilic Microorganisms and Life at High Temperatures,
New York u.a. (Springer).

Butler, John M. (2005),
Forensic DNA Typing, 2nd. Ed.,
Amsterdam u.a. (Elsevier).

Butler, John M. (2010),
Fundamentals of Forensic DNA Typing,
Amsterdam u.a. (Elsevier).

Butler, John M. (2012),
Advanced Topics in Forensic DNA Typing: Methodology,
Amsterdam u.a. (Elsevier).

Camazine, Scott, et al., Hrsg. (2003),
Self-Organization in Biological Systems,
Princeton, NJ u. Oxford (Princeton University Press).

Carey, James R. (2003),
Longevity. The Biology and Demography of Life Span,
Princeton. NJ (Princeton University Press).

Chadarevian, Soraya de (2011),
Designs for life. Molecular Biology after world war II,
Cambridge, UK u.a. (Cambridge University Press).

Curd, Martin, und **Cover**, Jan A., Hrsg. (1998),
Philosophy of Science: The Central Issues,
New York u. a. (Norton).

Darga, Martina (1999),
Das alchimistische Buch von innerem Wesen und Lebensenergie, Xingming guizhi,
München (Diederichs).
Darnell, James (2011),
RNA, Life's Indispensable Molecule,
Cold Spring Harbor, NY (Cold Spring Harbor Laboratory Press).

Euklid (2005, [ca. 300 v. Chr.]),
Die Elemente, übersetzt von Clemens Thaer, Einleitung: Peter Schreiber,
(Ostwalds Klassiker der exakten Wissenschaften, Band 235),
Frankfurt a. M. (Harri Deutsch).

Ferguson, Niall (2011),
Der Westen und der Rest der Welt. Die Geschichte vom Wettstreit der Kulturen,
Berlin (Propyläen).
Feyerabend, Paul (1993),
Against Method, 3. Aufl.,
London und New York (Verso).
Finch, Caleb E. (1990),
Longevity, Senescence, and the Genome,
Chicago u.a. (University of Chicago Press).
Frankenhauser, Uwe (1996),
Die Einführung der buddhistischen Logik in China,
Mainz (Harrassowitz).
Frede, Dorothea (1999),
Platons >Phaidon<,
Darmstadt (Wissenschaftliche Buchgesellschaft).
Frudakis, Tony N. (2008),
Molecular Photofitting. Predicting Ancestry and Phenotype Using DNA,
Amsterdam u.a. (Elsevier)

Glansdorff, P. und **Prigogine**, I. (1971),
Thermodynamic Theory of Structure, Stability and Fluctuation,
London u a. (Wiley).

Haken, Hermann (1988),
Information and Self-Organization,
Berlin u. Heidelberg (Springer).
Hamann, Brigitte (2010),
Hitlers Wien. Lehrjahre eines Diktators., 11. Aufl.,
München (Piper).

Harbsmeier, Ch. (1998),
Language and Logic,
als Band 7, Teil I von J. Needham, Hrsg., *Science and Civilisation in China,*
Cambridge, UK (Cambridge University Press).
Haskins, Ch. H. (1933),
The Renaissance of the Twelfth Century,
Cambridge, MA (Harvard University Press).
Hilton, James (2001),
Der verlorene Horizont, 10. Aufl.,
Frankfurt a. M. (Fischer Tb).
Honerkamp, Josef (2013),
Was können wir wissen? Mit Physik bis zur Grenze verläßlicher Erkenntnis,
Berlin u. Heidelberg (Springer-Spektrum).
Hölldobler, Bert und **Wilson**, E. O. (2009),
The Superorganism. The Beauty, Elegance, and Strangeness of Insect Societies,
New York u. London (Norton).
Hull, David L. und **Ruse**, Michael (2007),
The Cambridge Companion to the Philosophy of Biology,
Cambridge, UK (Cambridge University Press).

Jaeger, Werner (1963),
Das frühe Christentum und die griechische Bildung,
Berlin (de Gruyter).

Kipling, D. (1995),
The Telomere,
Oxford, UK u.a. (Oxford University Press).
Kittelson, James M. und **Transue**, Pamela J., Hrsg., (1984),
Rebirth, Reform, and Resilience. Universities in Transition, 1300-1700,
Columbus, OH (Ohio State University Press).
Kneale, William und **Kneale**, Martha (2008 [1962]),
The Development of Logic,
Oxford, UK (Claredon Press).
Koshland, jr., Daniel E. (1980),
Bacterial Chemotaxis as a Behavioral System,
New York (Raven Press).
Krebs, Jocelyne E.; **Goldstein**, Elliott S. und **Kilpatrick**, Stephen T. (2011),
Lewin's Genes X,
Boston u.a. (Jones & Bartlett).
Krishna, Kumar und **Weesner**, Frances M., Hrsg. (1970),
Biology of Termites, 2 Bände,
New York u. London (Academic Press).

Leibniz, G. W. (1979 [1697]),
Novissima Sinica (Reinbothe u. Nesselrath, Hrsg. u. Übersetzer),
Köln (Deutsche China-Gesellschaft).
Lincoln, Patrick J. und **Thomson**, Jim, Hrsg., (1998),
Forensic DNA Profiling Protocols,
Totowa, NJ, (Humana Press).
Lyre, Holger (2002),
Informationstheorie,
München (Wilh. Fink Verlag).

Machamer, Peter K. und **Silberstein**, Michael, Hrsg., (2002),
The Blackwell Guide to the Philosophy of Science,
Malden, MA (Blackwell).

Nasr, Seyyed Hossein (1990),
Die Erkenntnis und das Heilige,
(Übersetzt von Clemens Wilhelm aus: *Knowledge and the Sacred,* New York, 1981),
München (Diederichs).
Needham, Joseph (1954),
Science and Civilisation in China, Band 1,
Cambridge, UK (Cambridge University Press).
Needham, Joseph (1959),
Science and Civilisation in China, Band 3: *Mathematics and the Science of the Heavens and the Earth,*
Cambridge, UK (Cambridge University Press).
Needham, Joseph (1979),
Wissenschaftlicher Universalismus,
Frankfurt a. M. (Suhrkamp Tb).

Popper, Karl (1982),
Logik der Forschung,
Tübingen (Mohr).
Priest, Graham (2008),
An Introduction to Non-Classical Logic, 2. Aufl.,
Cambridge, UK (Cambridge University Press).

Quine, Willard van O. (1974 [1964]),
Grundzüge der Logik,
Frankfurt a. M. (Suhrkamp Tb).

Randall, Lisa (2011),
Knocking on Heaven's Door. How Physics and Scientific Thinking Illuminate the Universe and the Modern World,
New York (Harper-Collins).

Randall, Lisa (2012),
Higgs discovery, the power of empty space,
London (The Bodley Head).
Rosenthal, Franz, Hrsg. und Übersetzer, (1958)
Ibn Khaldun: The Muqaddimah. An Introduction to History, 3. Bände,
New York (Pantheon).
Rubner, Max (1908),
Das Problem der Lebensdauer und seine Beziehung zu Wachstum und Ernährung,
München (Oldenbourg).

Sarkar, Sahotra, Hrsg. (1996),
The Philosophy and History of Molecular Biology: New Perspectives,
Dordrecht u.a. (Kluver).
Sarkar, Sahotra und **Plutynski**, Anya, Hrsg. (2011),
A Companion to the Philosophy of Biology,
Chichester, UK (Wiley-Blackwell).
Schäfer, Heinrich Wilhelm (2008),
Kampf der Fundamentalismen. Radikales Christentum, radikaler Islam und Europas Moderne,
Frankfurt a. M. und Leipzig (Verlag der Weltreligionen).
Schilz, Felix (2006),
Molekulargenetische Verwandtschaftsanalysen am prähistorischen Skelettkollektiv der Lichtensteinhöhle,
Dissertation (Universität Göttingen).
Schwab, Gustav (1965),
Die schönsten Sagen des Klassischen Altertums.
Nach seinen Dichtern und Erzählern.
Leipzig (Insel).
Smith, Peter (2007),
An Introduction to Gödel's Theorem,
Cambridge, UK (Cambridge University Press).
Spaemann, Robert (1984),
Philosophische Essays. Erweiterte Ausgabe,
Stuttgart (Reclam).
Szabo, Arpad (1994),
Die Entfaltung der griechischen Mathematik,
Mannheim (BI Wissenschaftsverlag).

Weizsäcker, Carl Friedrich von (2002),
Aufbau der Physik, 4. Aufl.,
München (dtv)
Weizsäcker, Carl Friedrich von (2002a),
Die Einheit der Natur, 8. Aufl.,
München (dtv).

Weizsäcker, Carl Friedrich von (1992),
Zeit und Wissen,
München und Wien (Hanser).
Wilson, Edward O. (1971),
The Insect Societies,
Cambridge, MA (Belknap).
Wulff, Karl (1998),
Gibt es einen naturwissenschaftlichen Universalismus? Ein Kulturvergleich zwischen China,
Europa und dem Islam,
Cuxhaven u. Dartford (Traude Junghans Vlg.)
Wulff, Karl (2006),
Naturwissenschaften im Kulturvergleich, Europa-Islam-China,
Frankfurt a. M. (Harri Deutsch).
Wulff, Karl (2010),
Bedrohte Wahrheit. Der Islam und die modernen Naturwissenschaften,
München (GRIN Vlg.).

Yockey, Hubert P. (2005),
Information Theory, Evolution and the Origin of Life,
Cambridge, UK (Cambridge University Press).